KB125921

나는
내 아이가
가장
어렵다

공감과 배려로 키우는 자존감 육아법

나는 내 아이가 가장 어렵다

초 판 1쇄 2018년 08월 20일

지은이 박미
펴낸이 류종렬

펴낸곳 미다스북스
총 괄 명상완
책임편집 이다경

등록 2001년 3월 21일 제2001-000040호
주소 서울시 마포구 양화로 133 서교타워 711호
전화 02) 322-7802~3
팩스 02) 6007-1845
블로그 http://blog.naver.com/midasbooks
전자주소 midasbooks@hanmail.net
페이스북 https://www.facebook.com/midasbooks425

ⓒ 박미, 미다스북스 2018, *Printed in Korea.*

ISBN 978-89-6637-589-9 13590

값 15,000원

공감과 배려로 키우는 자존감 육아법

나는
내 아이가
가장
어렵다

박미 지음

미다스북스

세상에서 가장 어려운 내 아이,
어떻게 키우지?

엄마는 내 아이가 내 아이라서 더 어렵다

자녀를 후회 없이 키워보겠다는 생각은 얼마나 강한 유혹인가? 우리
는 매일 유혹에 시달린다. 하지만 장미에 가시가 있듯 아름다운 도전은
어렵기 마련이다. 내 아이만 아니었더라면 좀 더 쉽게 갈 수 있었던 것
을 내 아이라서 가려지고, 불거지고, 욕심을 내려놓지 못한다. 때문에
실수도 하고 후회도 한다. 초보 엄마 시절, 자식을 위해서 사는 것이 좋
은 부모가 되는 길이라고 생각했다. 나를 버리고 아이에게만 매달리면
그것이 최고의 사랑이라고 생각했다. 그러다 보니 오히려 자식과 함께
살지 못했던 날이 더 많았다. 왜 아이를 사랑하는지도 모른 채 흔들리고
피곤해했다.

엄마와 아이가 같은 세상 안에 살고 있다는 사실 자체가 엄마가 가진 가장 큰 힘이다. 책 속의 지식을 읽어주기는 쉽다. 그러나 어려운 상황, 지친 순간이 기회임을 깨우쳐주기는 힘들다. 매 순간 자신의 행동으로 얼마나 많은 것을 아이에게 가르쳐주고 있는지, 그 가르침에 따라 얼마나 아이가 달라지고 있는지 엄마들은 잘 모른다. 그래서 우리는 아이보다 우리 자신에게 더 자주 물어봐야 한다. 어떻게 살고 싶은지, 내게 소중한 가치는 무엇인지, 지금 행복한지를 살펴야 한다.

엄마의 인생관이 곧 교육관이다

어떻게 아이를 키울 것인가는 결국 내가 어떻게 살아야 할 것인가와 동떨어진 문제가 아니다. 엄마의 인생관이 곧 자녀관이자 교육관이다. 그래서 아이를 키운다는 것은 원래 어려운 일이다. 사람이 살아가는 데 수많은 길이 있는 것처럼 엄마가 아이를 키우는 데도 수많은 방식이 있다. 어떤 방식이 옳은가보다 중요한 것은 그 과정이 반드시 엄마와 아이의 성장을 동반해야 한다는 점이다. 아이는 내가 원하는 방향으로만 크지 않는다. 내가 비춰주는 모습과 삶의 태도에서 아이 스스로 자신의 재능과 강점을 개발해나가도록 믿음으로 지켜봐야 한다. 그 위대한 사랑을 실천하는 것이 엄마다.

나는 다른 아이를 가르친 경험이 많으니까 내 아이는 시행착오 없이 잘 가르칠 수 있다고 생각했다. 하지만 정작 세상에 나와 보니, 내 시야

속에 갇혀 아이를 키우는 일이 아이에게 얼마나 불완전하고 일관성 없는 일인지 깨닫게 되었다. 누구의 자녀로 사는 것도, 누구의 엄마가 되는 것도 예습이 안 된다. 오로지 서로를 통해 울고 웃으며 배울 뿐이다. 10년 동안 현장에서 만난 아이들 마음과 엄마들 마음은 크게 다르지가 않았다. 아이들 모두 누구보다 잘 크고 싶고 부모에게 인정받고 싶어 한다. 엄마들 역시 내 아이를 최고로 만들고 싶고 아이에게 좋은 엄마가 되고자 하는 마음이 전부다.

아이는 엄마의 믿음대로 자란다

그런데 아이 키우는 일은 왜 뜻대로 되지 않는 것일까?

우리는 자식에 대한 기대와 믿음을 자주 혼동한다. '큰 인물이 되기를 바란다!'라는 기대의 말과 '너는 이미 큰 인물이야!'라는 믿음의 말에는 어마어마한 차이가 있다. 기질은 타고나지만, 타고난 기질을 어떻게 바라보느냐에 따라 아이가 살아가는 데 유리한 성격을 만들기도 하고, 자존감이 약해지기도 한다. 어쩌면 평생 부정적인 성격을 안고 살아갈 수도 있다. 그래서 나는 아이를 키우는 데 있어서 가장 중요한 요인으로 부모가 자녀를 바라보는 시선을 꼽는다. 세상은 '씨앗의 법칙'이 철저하게 적용되는 곳이다. 포도 씨앗에서 거둘 것은 포도밖에 없다. 부모의 부정적인 마음과 좁은 시야로는 아무리 큰 기대를 건다고 해도 그것밖에는 거둘 것이 없다. 아이의 선생님으로 군림하던 내가 먼저 세상을 배우는 학생이 되야겠다고 생각했던 이유다.

부모의 기질과 성격이 아이를 만든다. 받는 사람은 주는 사람이 주는 것만 받을 뿐이다. 내가 주는 것을 받아 그것을 토대로 아이가 배우게 하고, 모든 배움을 의미 있게 하는 것이 교육이다. 하지만 우리는 아이에 대한 욕심에 눈이 멀어 토대가 만들어지지 않은 상태에서 맹목적으로 가르치는 일에만 열심인 경우가 허다하다. 배움의 토대가 약한 아이는 동기 없는 배움이 갈수록 버겁기만 하다.

아이가 언제든 돌아올 베이스캠프가 되라!

같은 영화를 두 번째 본다면 아무리 아슬아슬하고 감정적인 장면이라도 손에 땀을 쥐게 하는 두려움과 눈물을 쏟게 하는 슬픔은 덜 느껴진다. 어떻게 되었으면 하는 바람에서 오는 긴장과 불안감이 사라지기 때문이다. 어떻게 되는지 이미 알기에 그렇게 되기를 기다릴 뿐이다.

내 아이를 어떻게 키우는가의 해결책 역시 아이에 대한 엄마의 믿음, 종교적 수준에 달하는 강한 믿음에서 시작한다. 그런데 무작정 믿는 것이 아니라 믿음 안에 엄마의 세상 경험과 철학이 담겨 있어야 한다. 그래야 믿고 지켜본다는 미명 아래에서 아이를 방치한다든가, 아이의 인격에 상처를 입히는 일이 없어진다.

엄마는 아이의 베이스캠프가 되어야 한다. 돌아올 곳이 있어야 떠날 수 있다. 엄마는 산 중턱에 자리잡고 있는 베이스캠프다. 언제든 아이가 도전을 위해 떠날 수 있고, 실패와 좌절에도 안전하게 돌아갈 수 있는 곳이어야 한다.

아름다운 도전은 절대 단번에 이루어지지 않는다. 봄에 피는 새싹과 우아한 백조의 모습이 그렇듯 고통과 인내를 수반한다. 10년 동안 교육 현장에서 보고 느낀 경험이 이 책을 접하는 모든 엄마들에게 미리 보는 한 편의 영화처럼 다가갔으면 한다. 나 또한 이 책을 쓰면서 또 다시 가지치기 교정을 하게 된다. 우리가 내 아이의 엄마로 살아가는 날은 생각보다 길다. 내 아이가 학생일 때도 엄마이지만 내 아이가 어른일 때도 우리는 엄마이다.

2018년 8월 박미

CONTENTS

PART 1

모든 부모에게
내 아이가
가장 어려운 이유

01 나는 내 아이가 가장 어렵다

사람은 오로지 가슴으로만 올바로 볼 수 있다.
본질적인 것은 눈에 보이지 않는다.
— 생텍쥐페리

엄마라서 실수하고 더 아프다

부모의 마음은 늘 아이들을 향한다.

건강하게 자라야 할 텐데, 즐겁고 행복해야 할 텐데, 친구들과 사이좋게 지내야 할 텐데, 자신의 꿈과 끼를 발견해서 당당하고 성공한 사람이 되어야 할 텐데, 돈도 잘 벌고 인정받는 사람이 되어야 할 텐데. 모두 그런 마음으로 살아간다. 부모는 마음속에 늘 아이들을 품고 산다. 앉으나 서나 아이들을 생각한다.

그러다 이런 마음은 걱정과 근심으로 바뀐다.

'세상이 이렇게 험악한데 우리 애들은 안전할까? 경쟁이 이렇게 치열

한데 우리 애들은 따라갈 수 있을까? 공부 못하고 좋은 직장도 얻지 못하면 어떡하지? 우리 애들은 뭘 해야 좋을까? 사회성이 좋아야 직장 생활을 잘 할 텐데 수줍음이 많고 내성적인 우리 애들은 어쩌지?'

부모의 마음은 한시도 아이들 걱정에서 벗어날 날이 없다. 아마 이것이 부모의 숙명일지도 모른다.

엄마만 아니었다면 좀 더 쉽게 갈 수 있었던 것들을 엄마라서 실수하고 아파한다. 세상에는 모두가 해도 해서는 안 될 것이 있고, 모두가 안 해도 해야 할 것이 있다. 이러한 진실은 종종 엄마라는 이유에 가려진다. 그래서 지나고 나서 후회하는 일들이 허다하다.

손가락으로 명령하기보다 아이와 손가락 그림을 더 많이 그릴 것을, 시계에서 눈을 떼고 아이를 더 많이 바라볼 것을, 아이를 바로 잡아보려는 노력을 덜 하고 아이와 하나가 되기 위해 더 많이 노력할 것을, 더 많이 가르치는 데 관심 두지 말고 더 많이 관심 갖는 법을 배우게 할 것을, 덜 단호하고 더 많이 긍정할 것을.

남들이 다 하는 것을 쫓아가기 급급해서 아이와 나누지 못한 마음의 선물들이 항상 아쉽다. 자신도 다른 사람도 매우 소중한 존재라는 것을 깨닫게 해주는 숭고한 마음인 존경심, 자기중심적인 생각을 버리고 자신을 억제하는 인내심, 스스로 하고자 하는 의욕, 자신을 빛낼 수 있는 개성, 높은 이상은 배움에서 시작한다는 사실과 도전하는 즐거움까지.

내가 깨달은 후에야 주었어야 할 것들을 먼저 주지 못했던 아쉬움이 남는다.

멋진 선생님이지만 엄마로서는 팥쥐 엄마!

내 아이들이 어렸을 즈음 나는 아이들을 가르치는 일을 하고 있었다. 내가 가르치는 아이들과는 손가락 그림도 더 많이 그리고, 아이와 눈을 마주치며 하나가 되려 더 많이 노력하고, 늘 긍정의 말을 해주는 멋진 선생님이고 싶었다. 그렇게 되기 위해 노력했다.

하지만 퇴근 후 집에 들어온 나는 어쩔 수 없는 엄마였다. 지시하고, 명령하고, 시간 내에 해야 할 일을 끝마치지 못할까봐 시계에서 눈을 떼지 못하며 불안해했다. 다른 아이들에게 훌륭하고 멋진 선생님이고 싶었던 마음 이면에는 내 자식이 다른 아이들보다 월등하고 앞서가야 한다는 팥쥐 엄마가 숨어 있었던 것이다. 나만이 아니다. 모든 엄마들 마음속에는 팥쥐 엄마가 숨어 있다.

인생 공부가 짧았던 나는 엄마 이전에 선생님이었다. 아이를 어른으로 키워야 한다는 마음보다는 늘 부족한 것을 채워 넣어야 한다는 욕심이 먼저였다.

아이들을 가르치는 일을 하는 동안 나는 내 아이를 최고의 학생으로 키우는 일이 전부였다. 내 아이를 나보다 더 잘 아는 사람은 없다고, 내 아이를 나보다 더 사랑한 사람은 없다고. 그래서 아이와 손을 꼭 붙잡고 내가 결정한 방향으로 데려가려 했다. 그런데 어느 순간 두려워지기 시작했다. 내가 데리고 가는 길 끝에는 내 자신이 있을 뿐이고, 결국 아이가 나만큼 밖에는 클 수 없을지도 모른다는 사실에.

부모에게 최고의 선생님은 바로 내 아이다

아이들과 함께 살아가는 것은 어렵다. 아이들은 키우기 어렵다. 아마나의 부모도 그렇게 느꼈을 것이다. 평균 수명이 80세 이상인 시대에 우리도 자녀로 살아가야 하는 시간이 55년 정도이다. 이 이야기를 뒤집어서 말하면 우리도 55년 동안 부모로 살아가야 한다는 것이다. 55년 중 목욕시켜주고 먹여줘야 하는 7년 정도의 양육 시기를 빼면 약 48년을 양육 이외의 개념으로 아이와 함께 살아가야 한다. 그러나 아이를 양육하는 7년 동안 엄마가 양육 이외의 개념으로 아이를 대해야 하는 7년 이후의 시기를 실감하기란 쉽지가 않다.

엄마 그늘 밑에서 아이가 자라고 있을 무렵 나는 아이들을 가르치는 일에 이어 선생님들을 가르치고 관리하는 일을 하게 되었다. 그때 알게 되었다. 우리는 학생의 시기가 끝난 후 죽을 때까지 사람으로 살아가야 한다는 것을. 나는 아이가 사람으로서 살아갈 80년에 가까운 기간을 모두 배제하고 학생으로만 아이를 키우고 양육이라는 개념 아래서만 계속 자라게 했다는 것을.

우리는 한 번도 부모인 적이 없었다. 첫째도 처음 낳아보았고, 둘째도 처음 낳아보았다. 아이들 공부는 학원이라도 다녀서 미리 예습이라도 한다지만 부모는 예습할 학원도 없다. 부모교육은 학교 커리큘럼에도 없었고, 인생 커리큘럼에도 없다. 오로지 아이를 키우면서 지금 내 아이를 통해 울고 웃으며 배울 뿐이다. 하지만 이 점이 신이 부모에게 주는 최고의 선물이 아닐까? 내 아이는 늘 어렵지만 우리는 남의 아이가 아닌 내 아이를 통해 아파하고 울분하며 성장한다. 최고의 선생님은 엄마라지만 그 엄마에게 최고의 선생님은 바로 내 아이다.

부모와 자녀, 이상적인 거리를 유지하라

자식은 더 이상 우리의 노후 준비용 연금이나 적금이 아니다. 하지만 우리가 살아가는 동안 결코 포기하지 말아야 할 것 중의 하나가 바로 자식이다. 자식은 바로 희망이기 때문이다. 어떤 경우에도 놓지 말아야 할 끈이 있다면 그것은 희망이다. 서양의 속담에 '모든 먹구름은 은테를 두르고 있다.'라는 말이 있다. 먹구름이 은테를 두르고 있는 이유는 먹구름 저 뒤편에 희망의 태양이 기다리고 있기 때문이다.

그러나 내 아이 뒤에 서서 걷는 것이 얼마나 불안한 일인지! 뒤에 서서 걷는 것까지도 얼마나 수많은 갈등과 고민이 오갔을지 엄마라면 누구나 다 이해할 것이다. 하지만 아이의 진짜 걸음은 엄마가 뒤에 서있을 때부터이다. 엄마의 행복도 그 시점에서 시작된다.

우리가 살아가는 동안 결코 포기하지 말아야 할 것 중의 하나가
바로 자식이다. 자식은 바로 희망이기 때문이다.

남들이 하는 것을 쫓아가는 것은 가장 쉽고 편한 길이다. 일단 선택하는 과정에서 고민의 절반이 줄어든다. 하지만 늘 시간에 쫓기고 평가하게 된다. 아이들을 다그치게 된다. 피아노, 미술, 태권도를 다 재미있게 잘하면 좋겠지만, 아이들은 헤엄을 잘 치는 물고기일 수도, 나무를 잘 타는 원숭이일 수도, 하늘을 잘 나는 새일 수도 있다.

부모와 자녀 사이의 거리는 멀어지기 쉽고 자칫 아예 서로가 보이지 않게 되어버리기도 쉽다. 막막한 거리이다. 지구의 물은 태양에서 너무 가깝지 않기에 모두 증발하지 않고, 너무 멀리 있지 않기에 다 얼어버리지도 않는다. 지구 위에 사는 다양한 동물들도 서로 안전하고 자유롭다고 느끼는 거리가 있다. 아프리카 버팔로는 70미터, 원숭이는 20미터, 기린은 150미터. 그 거리만 유지되면 서로 공격하지도 피하지도 않는다. 자유롭게 가지를 뻗어나가야 하는 나무와 나무 사이는 6~8미터가 적절하다. 양팔을 뻗을 수 있어야 한다. 건물과 건물 사이에도 있다. 9미터 이상 건물이라면 높이의 절반만큼 서로 떨어져 있어야 이웃한 건물에 사는 사람이 햇빛을 누릴 수 있다. 하지만 내 아이와 이렇게 이상적인 거리를 유지한다는 것이 결코 쉬운 일은 아니다.

나는 아직도 내 아이가 가장 어렵다. 아무리 좋은 책을 챙겨 읽고 좋은 말을 귀담아 들어도 내 아이만큼은 어렵다는 사실을 인정하기로 했다. 단지 부모에게 자녀의 성장이란 끊임없이 적절한 거리를 찾아가는 일이며, 자녀의 성장을 제대로 이끄는 것은 심리적으로 충분히 가까우면서도 자녀를 숨 막히게 하지 않는 '완벽한 엄마'가 아니라 충분히 '좋은 엄마'로 있는 것이다.

 엄마, 이렇게 생각해보세요

"나는 아이를 키우는 예술가다."

아이에 대한 기대는 결과에 집착하는 엄마를 낳는다. 기대보다 아이의 변화를 꿈꾸는 열정을 찾아야 한다. 그릇을 빚는 '도예가'처럼, 아이를 키우는 일도 엄마에게 있어 흥미롭고 창조적이어야 한다. 서로가 즐거운 일이어야 오래 지속할 수 있다.

02 다들 쉽게 키우는 것 같은데

경험은 실수를 거듭해야만 서서히 얻게 된다.

— J.A.푸르드

다른 아이의 성공담에 현혹되지 마라

우리는 옆집 아이의 성공담에 쉽게 현혹된다. 엄마란 원래 자기 아이의 안 좋았던 점은 빨리 잊고 싶고 좋았던 부분을 오래 간직하고 싶어한다. 하지만 늘 내 아이보다는 옆집 아이가 눈에 띈다. 어쩌다 들은 옆집 아이의 몇몇 좋은 점이 엄마들을 자극시킨다. 내 아이의 평범한 행동도 신경에 거슬리고, 웃고 넘길 일에도 속이 상하다.

'왜 내 말이 안 먹히지?'

따뜻하게 말하면 못 알아들을까봐, 내 말을 무시할까봐 강하게 말한다. 내 불안을 이기지 못하고 내 마음 좀 편해보자고 화를 내는 일이 허다하다. 정작 아이를 도와주느라 힘든 것이 아니라, 엄마가 엄마를 통제하지 못해 힘들다. 스트레스에 눈이 흐려진 것을 알아채지 못한다.

나도 한때는 옆집 아이가 부러웠던 적이 있다. 큰아이가 5살 무렵, 대학 후배가 우리 집 앞동으로 이사를 왔다. 후배도 나와 마찬가지로 딸이 둘이었다. 그래서 거의 매일 어울리다시피 했다. 나는 당시 아이 교육에 관심이 많은 깍쟁이 아줌마였다. 5천 원짜리 티셔츠 한 장 사는 것은 아까워했지만 우리 집 좁은 아파트는 4면이 모두 책장이었다.

누가 봐도 책을 좋아하는 엄마와 딸이 지내는 거실 풍경이었다. 그러나 사실 책읽기를 좋아하는 것은 엄마였다. 딸은 글을 읽기보다는 그림과 영상을 즐기는 우뇌 성향의 아이였다. 나는 그런 아이를 상대로 목이 터져라 독서에 열을 냈다. 아이는 그림을 보거나 책을 읽어주는 것은 좋아했지만 좀처럼 스스로 책을 읽으려 하지 않았다. 그때는 왜 그렇게 성실하고 꾸준하려고 했었는지, 나의 노력이 부족하다고 생각했다. 책을 읽기보다는 그림 보는 것을 좋아하는 아이에게 엄마가 원하는 독서의 틀을 강요했던 것이다.

반대로 후배 아이는 책을 가리지 않고 읽는 책벌레였다. 책을 보기 위해 엄마를 졸라 우리 집에 자주 놀러 왔다. 나는 항상 아이가 미리 보아두었으면 하는 책들을 일찍 준비해두었다. 우리 아이가 한 번도 펼쳐보지 못한 책들을 그 아이는 꼼짝하지 않고 앉은 자리에서 다 읽고 갔다.

힘이 빠졌다. 성대 결절이 올 정도로 책을 읽어주는 나와 달리 후배는 그저 편안히 책 읽는 아이의 모습을 지켜보며 나랑 수다 떠는 것이 다였다. 그런 후배가 너무 편해 보이고 부러웠다. 엄마만 아니었다면 아마 엉엉 울었을 것이다.

확신과 여유로움이 필요하다

내가 일을 하고 있는 곳은 호남 지역이다. 유독 섬도 많고 외곽 지역들이 많아서 한 달에 한 번씩 나가는 외부 강의는 주로 2시간 정도 차를 타고 가야하는 지역이 많다. 사무실에서 하는 교육과는 달리 타 지역 아카데미 강의는 색다르다. 새로운 풍경과 맛있는 지역 음식, 그리고 처음 마주하는 사람들과 눈을 맞추면서 친해지는 재미가 있다.

무엇보다도 지역으로 내려갈수록 그 지역 선생님들과 고객들과 나누는 이야기에는 재미있는 소재들이 많다. 부모를 대상으로 하는 비슷한 주제임에도 불구하고 지역마다 받아들이는 공감과 소통은 늘 다르다. 자연에서 오는 여유일까? 아이들 교육에 있어서도 도시와는 사뭇 다른 풍경들이 많다. 빠듯한 스케줄에 맞춰 움직이는 도시 아이들과 달리, 지역으로 내려갈수록 아이들과 엄마들 생활은 훨씬 여유롭다. 교육에 관심이 없어 보이기도 하고 마치 아이를 너무 방치시키는 것처럼 보이기도 한다.

전남 영광에 아카데미 강의를 갔을 때의 일이다. 사무실이 오픈한 지 얼마 되지 않은 터라 그곳 선생님들의 수고가 말이 아니었다. 예전과 달리 지금은 강의실에 앉아 있는 엄마들의 환경 또한 다양하다. 다문화 가정, 조손 가정, 한부모 가정 등 여러 가지 사연들이 함께한다.

내 복장이 민망할 정도로 편한 반상회 차림의 엄마들, 칭얼대는 아이를 달래는 소리, 핸드폰 알림 소리를 들으며 서로의 공감대를 찾기까지 꽤나 오랜 시간이 필요했다. 나는 질문을 던졌다.

"학교 다닐 때 공부를 잘 하셨던 분 계시나요?"
모두들 옆 사람을 흘낏 쳐다보며 웃고 있었다.

"그러면 공부는 좀 못했지만 지금 나름대로 성공했다고 생각하시는 분은요?"
그러자 한 어머니께서 머뭇거리다 손을 드셨다.

"어떻게 성공하셨어요?"
"저는 천성적으로 사람을 좋아해요, 그리고 음식을 만들 때가 가장 행복합니다. 지금은 영광 백수 해안도로에 굴비식당 두 곳을 운영하고 있어요. 학교 다닐 때 공부 못한 것 치고는 이 정도면 성공했다고 생각합니다."

강의실 곳곳에서 "와!"하는 소리가 울려 퍼졌다.

자녀를 잘 키워야 한다는 압박감과 나 때문이라는 죄책감을 갖고 강의실에 앉아있는 엄마들에게 이 어머니의 당당하고 자신 있는 목소리는 통쾌하기까지 했다. 다시 질문을 계속했다.

"아이 키울 때도 행복하세요?"
"우리 아들이 세상에서 엄마를 제일 존경한다니 행복하죠."

그분은 함박미소를 지었다. 우리가 찾고자 하는 보물은 어쩌면 작은 행복과 평범한 여유에 있지 않을까?

그날 강의 주제는 엄마의 자존감이었는데, 그분이 강의를 다 한 셈이었다. 엄마의 자존감이란 강의를 열심히 준비한 내가 무색할 정도로 그분은 아이를 편안하고 여유롭게 바라보며 아이의 꿈을 준비하고 있었다. 이 엄마의 얼굴에는 자녀에 대한 욕심, 불안 같은 군더더기가 없었다. 자신과 자녀에 대한 확신과 믿음뿐이었다. 사회적으로 성공하고 많이 배운 그 어떤 엄마보다 활기차고 아름다웠다. 이날 그분의 굴비식당에서 맛본 갖가지 음식들에는 행복 바이러스가 들어있었다. 오래도록 나에게 감동적인 여운을 남겼다.

감옥에서 아이를 낳고 키워도 엄마가 행복하다고 생각하고 긍정적인 마음이 있으면 아이는 긍정적으로 잘 자란다. 엄마는 뿌리이기 때문이다. 엄마는 아이의 잠재의식이다. 여기서 우리가 알아야 할 중요한 진실이 있다. 아이들을 바라보는 나의 시선이 그 아이들의 인생에 절대적인 영향을 미친다는 것이다.

'저런 철없는 녀석이 언제 철이 들려나!' 이런 시선으로 바라보면 그 아이는 철이 들지 않는다. 마음으로 철이 들지 말라고 주문을 걸고 있기 때문이다. '우리 아이는 너무 이기적이야, 어떻게 하지?' 이렇게 바라보면 아이는 점점 더 이기적으로 변한다. 자꾸 못마땅한 시선으로 보면 못마땅한 짓만 한다. 마찬가지다. '다들 쉽게 키우는 것 같은데 왜 나만 이렇게 아이 키우는 것이 어려울까?'라고 생각하면 아이 키우는 것은 끝도 없이 어려워진다.

왜냐하면 생각은 에너지를 갖고 있기 때문이다. 아이나 나 자신에 대해 어떤 생각을 하고 어떤 시선으로 바라보느냐는 마치 화초에 거름을 주는 것과 같다. 계속 같은 에너지를 퍼부으면 자연스럽게 화초는 그 에너지에 물들게 된다.

아름다운 것은 늘 어렵다. 진흙 속에서 피어나는 연꽃도 물 위에 우아하게 떠 있는 백조의 모습도 우리 눈에는 너무 자연스럽고 부러울 정도로 아름답지만 세상 일에 고통 없는 아름다움은 없다. 그래서 세상은 공평하다고 할 수 있다.

어쩌면 아이를 키우는 일은 콩나물시루에 물을 주는 것과 같다. 콩나물시루에 물을 주면 물은 그냥 모두 흘러내린다. 아무리 물을 주어도 콩나물시루는 밑 빠진 독처럼 물 한 방울 고이는 법이 없다. 그럼에도 물이 모두 흘러내린 줄만 알았는데, 콩나물은 보이지 않는 사이에 무성하게 자라난다.

물이 다 흘러내린 줄만 알았는데, 헛수고인줄만 알았는데, 아이들은 잘 자라고 있다. 물이 그냥 흘러버린다고 헛수고를 한 것은 아니다. 거르지 않고 매일매일 물을 주기만 하면 보이지 않는 사이에 아이는 무럭무럭 자라난다.

 엄마, 이렇게 생각해보세요

"엄마의 시선은 신이 부리는 요술이다."

인간의 잠재의식은 실제 경험과 마음속 경험을 잘 구분하지 못한다. 엄마는 아이의 잠재의식이다. 바라보는 대로 나타난다. 잠재의식을 활용해보세요. 지니의 요술램프를 가지게 됩니다.

03 내 뜻대로 안 되는 내 아이

어머니는 의지할 대상이 아니라
의지할 필요가 없는 사람으로 만들어주는 분이다.
- 도로시 피셔

나는 뜻대로 되지 않는 엄마다

엄마 손이 안 가면 제대로 먹을 수도 입을 수도 없었던 아이 때는 그저 풍족하게 해주면 그만이었다. 배고프다고 울면 젖을 물리고, 춥다고 하면 옷을 덧입히고, 졸리다고 떼쓰면 재워주는 일이 전부였다.

그랬던 아이들이 세월의 손을 타고 어느덧 알게 모르게 성장한다. 자라면서 주장이 생기고 욕구가 달라진다. 엄마가 아이의 발달 과정을 이해하지 못하면 '아이들이 자라면서 뜻대로 되지 않는다'는 말을 한다. 그래놓고 나중에 결국 내 아이는 내 맘대로 할 수 없다며 체념을 위안으로 삼는다. 하지만 정작 아이 입장에서는 뜻대로 되지 않는 엄마일 수도 있다. 서로가 다른 장소에서 말을 하면서 서로의 소리를 듣지 못하는 것은 아닐까?

대부분의 아이들은 지하에서 말을 하고 엄마는 3층에서 말을 한다. 3층에 있는 엄마는 처음에 조용하고 우아한 목소리로 말을 하지만 아이들은 그 소리를 들을 수 없다. 답을 기다리는 엄마는 결국 큰소리를 지르고 시간이 지날수록 아이에게 화를 내게 된다.

하지만 지하에 있는 아이는 이 소리를 알아들을 수가 없다. 힘이 약한 아이는 엄마의 말을 제대로 이해할 시간도 없이 굴복해야 한다. 이런 상황은 서로가 있는 장소가 다르다는 것을 알지 못하는 한 계속된다.

문제는 사춘기 때 온다. 사춘기라는 강을 건너면서 아이는 더 이상 엄마에게 굴복하지 않는다. 이때 아이는 말대꾸라는 것을 하게 되고 엄마의 카리스마는 힘을 잃게 된다. 특히 전업 주부로 아이에게만 올인했던 엄마들은 이 시기에 더 큰 상처를 받게 된다. 이때 아이들도 자기만의 방을 만든다. 결국 한 지붕 두 식구로 살아가기 쉬워진다.

아빠도 아이의 발달 단계를 알아야 한다

4~5세까지는 엄마나 아빠나 육아 나이를 비슷하게 먹는다. 하지만 바쁜 사회생활과 육아는 엄마 몫이라는 사회 정서 때문에 아빠들의 육아 나이는 대부분 5세 수준에 머물기가 쉽다. 아침에 출근해서 저녁에

아이를 만나는 것이 고작인 아빠에게 아이는 그저 '사랑하는 내 강아지'일 뿐이다. 그 상태로 몇 년이 훌쩍 지나간다. 아이들의 성장 과정을 엄마처럼 일일이 마주하지 못하는 아빠들도 어느덧 훌쩍 커버린 아이들에게 상처 받기는 마찬가지다.

물론 부모로서 육아에 관심을 갖고 엄마 한 사람이 아닌 공동의 영역이라고 생각하면 좋지만 아직도 우리나라에서 육아는 엄마 몫이다.

하지만 요즘 들어 좀 다른 풍경들을 보곤 한다. 일주일에 2번 정도 유치원 아침 등교 시간에 부모를 대상으로 설문조사를 하는 활동이 있다. 요즘 그 시간에 아이를 유치원에 보내는 아빠들을 자주 보곤 한다. 처음에는 실직 중인 아빠일 것이라고 생각했는데, 설문조사 과정에서 육아 휴직 중이라는 말을 듣고 깜짝 놀랐다. 대답에 응해주는 아빠는 나름 육아 상식이나 아이 교육에 대한 마인드 수준도 상당히 높았다. 부모교육에 참석하는 대부분의 엄마들은 아빠도 이런 교육을 들어야 한다고 한 목소리를 낸다. 맞는 말이라고 생각한다. 아이를 키우고 가르치는 일은 부모의 영역이지 엄마의 영역이 아니기 때문이다.

영아기 – "엄마 없이는 무서워요!"
아이를 키우면서 발달 단계를 알면 양육의 길이 훨씬 수월하다. 영아기(0~2세) 아이가 엄마에게 보내는 대부분의 메시지는 "엄마 없이는 못살아요! 나를 안전하게 보호해주세요!"라는 신호다. 양수 속에 있다가 세상으로 나온 아이들은 이런 공포를 울음으로 표현한다. 조그만 소음에도 깜짝 놀라서 울거나 기저귀가 축축해져도 아이가 울어대는 것은 이런 심리에서 나온다.

동물과 달리 인간은 의존 기간이 긴 존재다. 이 시기는 머리로 판단하는 시기가 아니다. '엄마가 신경이 날카로우니 눈치껏 참자.'가 안 된다. 일관적으로 안전하게 보호해주지 않으면 '아, 큰일 났다! 아, 먹을 것이 안 온다! 아, 무섭다!'라고 받아들인다. 그래서 이 시기에 엄마들이 걸리는 산후 우울증이 무섭다. 엄마에게도, 아이에게도.

이때 엄마가 해줄 수 있는 가장 좋은 양육 태도는 아이의 이런 심리 상태를 제대로 이해하고 빨리 적절한 조치를 취해주는 것이다. 아이가 울음으로 신호를 보낼 때 최대한 빨리 아이를 안아주는 것이 좋다. 가끔 할머니들은 갓난아이가 울면 더 울게 둬야 나중에 목청이 좋아진다는 말씀을 하신다. 나도 첫 아이 키울 때 어른들에게 이런 말들을 듣고 그대로 했었던 기억이 있다.

갓난아이가 우는 것은 까다롭고 예민해서라기보다는 그 이면에 '엄마, 나 무서워요!'라는 신호를 보내는 것이다. 이것만 잘 이해해도 좀 더 여유 있는 마음으로 아이를 바라볼 수 있다. 내가 아이의 든든한 보호막이 되고 있다는 것만으로도 부모로서의 자존감은 올라간다. 아이 상황을 이해하고 하는 행동들은 육체보다 모성이 관여한다. 몸은 피곤할 수 있어도 행복하고 뿌듯할 것이다.

유아기 – "짜잔! 나 좀 봐주세요!"

젖을 떼고 걸을 수 있을 정도가 되면 아이들은 또 다른 신호를 보낸다. 유아기(2~6세) 아이들은 "엄마, 나 이제 사람 꼴이 되어가요. 내가 할 수 있어요."라는 신호를 보낸다.

"짠! 나 말해요! 짠! 나 걸을 수 있어요!"
"나 좀 봐주세요, 내가 할 거예요."

아이는 걸어서 어디든지 갈 수 있을 것 같고, 뭐든지 잡을 수 있을 것 같다. 그 전에는 울어야만 됐던 것들이 이제 자신이 움직이면 된다. "엄마 싫어! 안 해!" 이제는 마치 유행어처럼 그 말만 하기 위해서 태어난 것처럼 군다. 결국 아이는 꿀밤 한 대 맞고 그 치열한 의사소통을 끝낸다.

지금 생각해보면 아이가 나와 같은 층에 있다고 생각한 것은 나의 착각이었다. 아이들은 자유로워진 신체 변화에 흥분을 감출 수 없다. 어른이 하는 것은 뭐든지 할 수 있을 것 같다는 생각뿐이다. 하지만 나는 그런 사실을 까맣게 모른 채 아이가 뜻대로 되지 않는다고만 생각했다.

학령기 – "칭찬 받고 싶어요!"

아이가 유아기에서 학령기(7~12세)로 접어들면서 모성은 또 다른 모습으로 진화해야 한다. 사실 이때는 엄마의 뜻과 아이의 뜻이 어긋나기 시작하는 시기이기도 하다. 이 시기 아이들의 가장 큰 바람은 부모의 자랑거리가 되는 것이다. 부모의 칭찬과 인정 속에 성공하는 경험을 스스로 느끼고 싶어 하고, 작은 성공의 경험들을 자신감과 자존감으로 이어간다. 반대로 이 시기에 형성되는 가장 부정적인 감정은 열등감이다. 시험을 볼 때도 '10문제 다 틀려도 좋다, 다 푸는 것이 중요하다'는 확신을 주어야 한다.

아이들에게 기본적으로 인정과 평가는 떼어놓을 수 없다. 인정의 그림자가 평가다. 우리는 대체로 평가 받고 난 뒤에 인정한다. 뭔가를 평가한 뒤에 사랑한다고 말하는 건 가장 좋지 않다. 아이들에게는 네가 잘했으니까 사랑한다는 의미로 들린다.

청소년기 – "스스로 할 수 있게 믿어주세요."

청소년기(12~20세)가 되어서도 부모가 계속 보호자 역할에만 머물면 아이의 성장과 독립의 기회를 박탈하게 된다. 아이 스스로 할 수 있도록 격려하고 상담하는 역할을 해야 한다. 이때 부모가 해줄 것은 아이를 믿어주고 아이의 의견을 존중해주는 것뿐이다. 부모는 자신의 모든 힘을 바쳐 아이를 도와주려고 애쓰지만, 도움이 지나치면 아이는 아예 혼자 설 생각조차 못하도록 길들여진다. 책임이 주어져야 결국 어른이 된다. 어른스러워서 어른 대접을 하는 것이 아니라 어른처럼 되라고 어른 대접을 해줘야 하는 때이다.

아이가 내 뜻대로 된다고 자랑하지 말고, 아이가 뜻대로 안된다고 걱정하지 말라던 어른들 말씀이 생각난다. 이상하게도 아이가 커버린 지금은 아이가 내 뜻대로 될 때 걱정스럽고, 내 뜻대로 안되면 더 안심이 된다. 내가 늘 걱정스러운 것은 아이에게 뜻이 없을지도 모른다는 사실이다. 아이가 뜻대로 안 따라준다고 욕심을 버릴 필요는 없다.

욕심을 버리지 않되 욕심에 매이지도 말아야 한다. 차라리 욕심이 실현되도록 아이를 관찰하고 아이에 맞게 계획을 세워가는 것이 현명하다. 그래야 부모도 조금이나마 목표를 이루고, 그것에 기운을 얻어 다음으로 나아갈 수 있다.

아이를 키우면서 힘든 순간은 피할 수 없고 성장에는 시간이 필요하다. 자기 생각이 소중한 것은 부모나 아이나 마찬가지다. 부모가 할 일은 아이의 생각을 바꿔주는 일이다.

엄마, 이렇게 생각해보세요

"적기 교육은 최고의 조기 교육이다."

지금 많이 해주어야 할 것을 나중에 많이 한다고 해서 같은 효과가 나오지 않고, 나중에 많이 해야 할 것을 지금 많이 한다고 해서 잘하지 않는다. 아이들에게는 강점이 있고 약점이 있다. 약점은 보완하는 수준으로 하고 강점을 찾아 끌어올려주는 것이 현명하다.

04   늘 좋은 엄마가 되고 싶다

가장 훌륭한 기술, 가장 배우기 어려운 기술은
세상을 살아가는 기술이다.
– 메이시

누구나 좋은 부모를 꿈꾼다

누구나 자기 자신이 너무나 소중하다. 자기가 편해진 다음에야 남을
배려하는 마음이 들기 마련이다. 육아는 나보다 아이에게 더 집중해야
하는 일이기에, 아이에게 집중하는 것이 중요하다는 사실을 알고 있기
에 알수록 어렵다.

아이를 낳고 보니 아이는 나의 평화를 뺏는 존재였다. '아이가 없었으
면 좋겠다.'라는 생각은 아니지만 '아이가 없으면 내 삶이 참 편할 텐데.'
라고 생각하는 밤이 많았다. 아이를 낳고 나를 잃어가는 느낌, 그렇게
엄마라는 역할이 시작된다. 엄마가 되면서 생기는 간절한 소망들은 예

전에 느끼지 못하고 살았던 것들에 대해 감사한 마음이 들게 한다.

실컷 잤으면, 맘 편하게 밥 한 끼 먹었으면, 혼자 훌훌 걸어봤으면. 작은 소망들이 나를 더 작아지게 만든다. 그러면서 겸손을 배우고, 가끔은 어려울 때도 있는 거라고, 살 만하다고, 재미있다고, 이겨낼 수 있다고 스스로를 다독여간다.

자신이 태어난 날을 생생하게 기억하는 사람은 없을 것이다. 하지만 우리가 부모가 되던 날은 다들 정확하게 기억하고 있다. 각종 SNS에 올라오는 신생아의 사진, 행복한 표정의 인증샷.

나 또한 유행처럼 당시 부모들이 너도나도 했듯이 아이 탯줄을 앨범에 보관하고, 방대한 육아 일기까지 썼다. 심지어 큰아이를 낳을 때는 진통의 느낌을 5분 간격으로 그대로 태교 일기에 썼다. 가끔 읽어보면 너무나 유치해서 배꼽을 잡고 웃는다. 진통이 올 때는 죽을 듯이 소리를 지르다 잠시 진통이 멈추면 노트에 뭔가를 쓰는 산모. 상상만 해도 너무 웃음이 나온다.

그런데 더 웃기는 것은, 그렇게 소중하고 귀중하게 낳은 아이와 매일 지지고 볶는다는 것이다. 지금도 딸아이는 당시 육아 일기를 보며 너무 유치해서 온몸이 간지럽다고 한다. 병원 갈 때마다 받아오는 초음파 사진을 스크랩 했었다. 그 사진을 볼 때마다 그 시절 내가 아이에게 가졌던 마음이 떠오르곤 한다. 그것은 바로 '좋은 엄마'가 되고 싶다는 마음이었다.

준비된 좋은 부모는 허상이다

둘째 아이를 가졌을 때의 일이다. 태어나자마자 스스로 걸어서 엄마 젖을 찾아가는 친정집 앞마당 강아지를 보며 친정 엄마에게 부럽다고 말했다. 말해놓고 나도 웃음이 나왔다.

큰아이를 낳을 때의 신비함과 호들갑은 사라지고 앞으로의 일들이 예측되자 착잡했던 모양이다. 그렇게 예측하고 마음을 내려놓았던 작은 아이 육아는 큰아이와 나이 차이도 있었지만 훨씬 더 수월했다. 한 번의 경험이 마음의 여유를 가져다준 것이다.

큰아이가 신생아였던 시절, 너무 작고 부드러워서 아이를 안고 있으면 내 몸 전체가 경직되었다. 아이에게도 여유로운 사랑의 느낌보다는 긴장감이 더 전해졌을 것이다. 조그만 일에도 아이보다 내가 더 놀라고, 아이가 울 때면 내가 더 어쩔 줄 몰라 쩔쩔맸다. 하지만 둘째 때는 내가 미리 마음의 준비가 되어 있었기에 여유를 가지고 사랑을 줄 수 있었다.

그렇게 엄마로 단련되어가는 줄로 알았다. 그런데 알고 보니 첫째도 처음이지만, 나는 둘째도 처음 낳아보았던 것이다. 내가 먹이고 씻기고, 재우는 일이 수월해질 즈음 아이도 그만큼 정신적으로 자라고 있었다.

두 아이와 지내는 하루는 생각보다 짧다. 일에 눌리면 결국 마음이 좁아지기 마련이다. 짜증이 쉽게 나고 아이 마음이 안 보이기 시작한다. 좋은 엄마가 되려니 너무 많은 일을 해야 하고, 한 사람이 할 수 있는 일은 얼마 안 된다. 또 다시 끝이 안 보이는 처음 만나는 육아가 시작된다.

마음속의 이상적인 아이를 버려라

아이 키우면서 소리 지르고 화내는 건 누구나 하는 일이다.

'왜 화를 냈을까? 화내도 소용없는데.'
'내가 엄마 자격이 없나?'
'내 성격이 나쁜가?'
'결혼하기 전에는 안 그랬는데.'

이런 생각들을 많이 한다. 아이들은 어리면 어릴수록 감정만으로 이루어진 존재이기 때문에 소통이 안 되면 굉장히 어렵다. 아이에게 불편한 느낌을 안 주려고 하는 것이 다는 아니다. 엄마가 느끼는 다양한 감정을 아이와 함께 교류해야 한다.

아이가 잘못되면 부모의 잘못이란 글귀에 자책할 필요는 없다. 아이는 성장하면서 많은 것을 배워야 한다. 다양한 감정도 느껴야 한다. 좋은 것과 안 좋은 것 모두를 배울 수 있게 균형을 맞추는 것이 아이를 키우는 일이다.

아이와 함께 보내는 소소한 일상의 즐거움을 뒤로한 채, 아이의 약점도, 독특한 성격도 꼭 고쳐줘야 한다고 생각할 때 육아는 늘 무거운 짐이 된다. 해도 해도 끝나지 않는 숙제처럼 매 순간이 문제 해결만을 위한 시간이다.

추운 날 주머니 안에 손난로보다 따뜻한 차 한 잔에 추위가 녹는다. 무엇보다 마음이 데워져야 한다. 내 마음속의 이상적인 아이를 버리고, 천천히, 천천히, 스스로 받아들일 수 있을 만큼, 조금씩, 조금씩, 변하려는 마음만 꾸준히 가져가야 한다.

가보지 않는 길을 간다는 것은 이래서 어렵다. 인생에서 준비 없이 맞는 것들은 늘 우리를 혼란스럽게 만든다. 사회적 알람에 길들여진 우리는 준비 없이 어른이 되어가고, 결혼을 하고 아이를 기른다.

자기 자신부터 사랑하는 엄마가 되라

복잡해진 환경 탓일까? 갈수록 예민해지는 아이들이 많이 보인다. 엄마에게만 유독 징징대는 아이, 징징대면 뭐든 들어주는 엄마. 어른들은 소젖을 먹고 자라서 그런다고 한다. 과학적으로라도 명쾌하게 설명이 된다면야 소젖을 안 먹으면 그만이다.

아이가 기분이 나빠지는 걸 유독 엄마들은 못 견뎌한다. 안 부딪히려

무엇보다 마음이 데워져야 한다.
내 마음속의 이상적인 아이를 버리고,
천천히, 천천히, 스스로 받아들일 수 있을 만큼,
조금씩, 조금씩, 변하려는 마음만 꾸준히 가져가야 한다.

고 하고, 미리 다 맞추려고 하고, 기분이 좋은 쪽으로 유도한다. 그래서 아이는 불편한 감정을 더 참기 힘들어한다. 참으라고 가르치기보다는 엄마가 맞춰주고 해결해주면 아이가 더 행복해질 거라고 생각하는 엄마. 결국 아이는 불편한 것, 싫은 것을 조금도 참지 못하는 징징이가 되어버린다.

어린 시절에 우리 부모들은 우리에게 화를 내고 소리를 지르면서도 그것 때문에 아파하거나 죄책감을 갖지 않았다. 덕분에 우리는 불편하고, 슬프고, 괴로운 모든 것을 이겨낼 수 있는 힘을 가지게 되었는지 모른다.

아이가 밉다고 느껴져 죄책감이 든다는 엄마들을 만난다. 아이가 정말 미울 때가 있다. 하지만 그것은 엄밀히 말하면 화나는 것이다. 밉다는 것은 대상 자체가 부정적일 때이다. 어렸을 때 나의 부모가 화내고, 소리 지르는 일을 내가 겪었기 때문에 똑같은 일을 반복하는 것을 대물림이라고 생각한다. 그러나 그것에 얽매여 나의 감정을 보살피지 못하면 아무리 훌륭한 육아공부도 헛될 뿐이다.

학창시절에 공부를 즐겨하지 않았던 사람도 엄마가 되면서 많은 것을 배우려 한다. 아이들이 크는 동안 여자들의 대화는 대부분 자식 이야기다. 우리 생활에 인터넷이 들어오면서 대한민국 엄마들은 모두가 육아 전문가가 되었다. 각종 카페에는 대학 논문 자료가 무색할 만큼 전문적인 정보가 방대하게 공유된다.

그런데 갈수록 지치고 우울한 것은 왜일까? 많이 안다고 해서 잘 가르칠 수 있는 것은 아니다. 생각한 만큼만 가르칠 수 있다.

우리가 아이를 키우면서 먼저 떠올려야 할 것들은 엄마로 태어난 기쁨을 기억해내고, 나를 잃어버리지 않는 삶을 살 수 있다는 자신에 대한 믿음이다. 철학 없이 부지런한 엄마가 가장 위험하다. 아이를 키우기 전에 자신을 사랑하고 키우는 엄마가 되어야 한다.

고민 없이 키우는 아이는 잘 자라지 않는다. 좋은 육아는 아이를 위하는 것에 앞서 나 자신을 위하는 일이어야 한다.

 엄마, 이렇게 생각해보세요

"가진 사람이 줄 수 있다."

아이를 키우기 이전에 엄마가 먼저 채워져야 한다. 지식이 아니라, 자신을 사랑하는 마음과 자신에 대한 믿음이다. 매일 아이를 점검하는 일보다 자신을 점검해야 한다. 내가 무엇으로 키우느냐는 다른 데서 오지 않고 나에게서 나온다. 모유수유를 할 때 음식을 조절했던 것처럼 마음을 점검하고 가꾸어야 한다.

05 엄마는 완벽한 아이를 꿈꾼다

가정이여, 그대는 도덕의 학교다.

— 페스탈로치

완벽한 엄마가 아니라 철학을 가진 엄마가 되라

"집안일은 언제 하세요? 아이들은 누가 봐주나요?"

내가 사회생활을 시작한 이후 자주 듣던 질문이다. 그럴 때마다 자신 있게 답한다.

"저는 저를 돌보기에도 바빠요. 아이들은 스스로 각자의 일을 잘 분담해서 크고 있어요."

답을 들은 사람들의 반응은 둘로 나뉜다. 자유롭게 자기 일을 하는 모습에 부러워하거나, 집안을 지키고 아이들을 돌봐야지 그렇게 나다니면 되겠냐고 안타까워하거나. 그렇지만 두 집단 모두 궁금해하는 것은 비슷하다. 그렇게 미친 사람처럼 일하면 돈은 많이 버는지, 가족들은 인정해주는지, 아이들은 엄마를 어떻게 생각하는지 등이다.

나는 아이들의 행복을 위해 나를 희생하지 않는다. 서점에 가더라도 내가 볼 책을 먼저 고르고, 옷가게에 가서도 내가 입을 옷을 먼저 산다. 보통 엄마라면 이해하기 힘든 대목일 수도 있다. 하지만 엄마가 스스로 자기 일에 정당성을 부여하고 프로답게 사는 모습을 보여주었더니 아이들이 먼저 엄마를 인정해주었다. 지킬 것이 많아서 주춤하고 있다면 게임의 결과는 불 보듯 뻔하다. 가진 것이 없어야 밑져야 본전이라는 생각으로 최선을 다한다. 성공할 때마다 포기할 것들도 많아지게 마련이다. 사탕이 든 병에 손을 넣었으면 그 손이 다시 빠져나올 수 있을 만큼만 사탕을 손에 쥐어야 하는 법이다.

내가 살아가는 것 자체가 다른 잣대의 기준에 맞지 않을 때가 있다. 그럴 때는 '됐어.', '이걸로 최선을 다 했어.', '괜찮아. 잘했어.'라고 긍정성을 찾는다. 최선을 다하는 사람들의 놀라운 특징이다. 아이를 기르면서 엄마의 철학이 필요한 이유도 이 때문이다.

아이의 삶에 다른 잣대의 기준이 아닌, 엄마가 가지는 고유의 가치관이 있을 때 아이는 의사결정이 빨라지고, 행동에 일관성과 자신감이 생긴다. 때로는 남을 감동시키기도 하고 자신의 가치를 높이기도 한다.

출산부터 엄마들에게는 죄책감과 무력감이 생긴다. 자연 분만을 했느냐 못했느냐부터, 모유수유를 했느냐 못했느냐까지 이런저런 잣대로 평가하고 슈퍼우먼이기를 실패했다고 정의를 내리는 경우가 많다.

엄마는 이 모든 것에 완벽할 수 없다. 과연 완벽한 엄마의 아이는 행복할까? 엄마가 완벽하다고 해도 아이가 살아갈 세상은 완벽하지가 않다. 아이는 오히려 완벽하지 못한 엄마에게서 적응과 실패를 배운다.

아이가 아니라 엄마의 완전함을 꿈꿔라

아줌마로 산 지 10년 만에 사회에 나가야겠다는 생각을 했다. 말수도 없고, 수줍음이 많으며 자신을 표현하는 데 서툴렀던 나는 10년 동안 아이들 교육에 열을 올렸던 것을 빼놓고 나면 바보나 다름없었다. 점점 좁아지고 작아지는 나를 마주하면서, 지금 나가지 않으면 평생 이 틀에서 벗어나기 힘들 것 같다는 불안감이 들기 시작했다.

내가 다니는 회사는 교육과 영업을 같이 병행하는 일이었다. 주변에서는 아이나 잘 기르지 어울리지 않는 일을 한다는 곱지 않은 시선으로 나를 봤다.

대학 때 야학을 시작으로 줄곧 가르치는 일을 했었고, 심지어 내 아이에게조차도 집안에서 선생님으로 군림했기 때문에, 면접 당시 나는 당당하게 교육보다는 영업을 배우고 싶다는 포부를 밝혔다. 그러자 모두들 의외라는 눈빛으로 나를 바라보았다. 당시 선생님으로 지원하는 대부분이 영업은 제외하고 가르치는 일만 하겠다는 사람들이 많았다. 무식하면 용감하다는 말처럼 세상에 대한 나의 무지가 나에게 용기를 주었던 것이다.

일을 시작한 지 얼마 되지 않아 영업이 생각만큼 쉽지 않다는 것을 알았다. 하지만 그것을 통해서 나에게는 작은 변화들이 생겨나기 시작했다. 더 이상 시장에서 콩나물 가격을 악착같이 깎지 않았고, 운전할 때 택시에게 우선적으로 양보를 했다. 지식만을 공부했던 나에게 세상 공부가 시작된 것이다. 아이들에게 책을 읽어주면서도 나의 느낌이 들어가기 시작했고, 아이들에게 시키는 모든 공부에 세상을 조금씩 더해 가기 시작했다. 내가 하는 일에서 그동안 학교에서 배웠던 지식은 거의 쓸 일이 없었다. 나는 새롭게 배워야 했고, 새롭게 느껴야 했다.

세상을 등지고 아이들에게 가르쳤던 것들과 세상 속에 묻혀서 아이들에게 가르치고 싶은 것들이 다르다는 것을 알았다. 아이의 엄마이기 전에 한 인간으로서 부족한 나를 보면서 아이의 완벽함보다 나의 완벽함을 꿈꾸기 시작했다.

내가 세상을 다시 배운다는 입장에서 본 아이는 나와 다르지 않았다. 경험이 부족하고 그래서 실수하고, 울면서 다시 일어서고. 아이가 겪는 일들에 공감이 가기 시작했다. 머리로 가르치려 하는 것보다 가슴으로 이해하는 일들이 많아지면서, 빨리 개입하고 싶은 마음보다 깊게 바라보고 오래 고민하며 짧게 말하는 엄마로 변해갔다.

무조건 채워주려 하지 말고 먼저 물어보라

부모와 아이가 같은 세상 안에 살고 있다는 것 자체가 부모가 가지는 가장 큰 힘이다. 책 속의 지식을 읽어줄 수는 있지만, 힘든 상황, 어려운 순간이 기회라는 것을 깨우쳐 주기란 힘든 일이다. 부모들은 잘 모른다. 매 순간 자신의 행동으로 얼마나 많은 것을 아이에게 가르쳐주고 있는지, 그 가르침에 따라 얼마나 아이가 달라질 수 있는지.

그래서 우리는 아이보다 우리 자신에게 더 자주 물어봐야 한다. 어떻게 살고 싶은지, 내게 소중한 가치는 무엇인지, 행복한지를 살펴야 한다. 힘들 때 필요한 것은 '의미'이다.

결국 내가 세상의 문제들을 해결할 수 있다는 믿음이 자신을 부드럽게 만든다. 내가 나를 믿지 못하고 세상에 대한 자신감이 없을 때 쉽게 화를 내고 흥분한다. 굳이 뭐든 해줄 수 있다고 강하게 말한다. 그냥 사랑한다고 말하면 되는데 말이다. 내가 약해서였다. 채워주려다 지치고, 요구하다가 좌절하고 괴로워하다 아이가 받고 싶어 하는 것들을 보지 못한다.

일하는 여성 대다수가 가정 경제의 보탬을 넘어 자신의 일에 대한 가치와 열정을 느끼기까지 얼마나 많은 고비들을 넘겨야 하는지 나는 매일 보고 산다. 마치 지뢰밭을 걷는 것처럼 이쪽이 터지면 저쪽이, 저쪽을 피해가다 또 이쪽에서 맞닥트리는 일상에 지쳐서, 일을 느끼지도 즐기지도 못한 채 일상에 타협한다.

아이를 키우면서 내 일을 가져간다는 것은 늘 상황을 이겨낼 힘을 빼앗고 현실에 무릎 꿇게 만들어버린다. 하지만 이 세상에는 공짜가 없다. 허투루 보내는 시간도 없다. 일과 가정이라는 이중부담을 견디면서 엄마의 내면은 살찌워진다. 최선을 다하는 것이 끔찍하지 않게 느껴진다. 더 이상 내 삶에 다른 잣대의 기준이 들어오지 않게 된다.

실패와 성공만으로 완벽을 재단하지 말라

완벽하다는 말이 다르게 해석되어 들어오기 시작하는 순간 '엄마 철학'이 생긴다.

'엄마인 나는 나의 삶을 잘 가꾸고 있나?'
'나에게 주어진 인생을 사랑하고 있나?'

그래서 삶의 의미와 목적을 생각하는 힘은 우리에게 필요한 중요한 능력이다. 자기 삶을 이끌어가는 의미를 알고 있는 엄마, 눈앞의 현실을 한 차원 넘어서 생각하는 엄마의 모습은 아이에게 주는 중요한 교육이다.

완벽한 엄마란 자신의 삶을 통해 꿈을 이루고 도전하는 모습을 보여주는 엄마라고 생각한다. 우리가 완벽하다는 말을 쉽게 쓰지 못하는 이유는 성공과 실패만 생각하기 때문이다. 실패해도 도전하는 모습 자체가 완벽인 것이다. 그래야 아이의 실패 앞에서도 좌절하지 않고 격려하는 모습을 보여줄 수 있다. 아이는 그런 엄마의 모습을 결코 잊지 못한다. 그리고 그에 기꺼이 보답하려 한다. 이것은 아이뿐만 아니라 인간이 원래 그렇다. 실패와 좌절을 공부라고 생각한다면 더 이상 실패가 아닌 것이다. 소설가 아놀드 베넷은 이렇게 말했다.

"진정한 비극의 주인공은 살면서 일생일대의 분투를 준비하지 않는 사람, 자기 능력을 모두 발현하지 않는 사람, 자신의 한계에 맞서지 않는 사람이다."

나는 늘 완벽한 엄마를 꿈꾼다. 그래서 날마다 맞이하는 아침이 하루 중 가장 두근거린다. 하루를 도전하는 자체가 완벽이라고 생각하기에 아이에게 늘 '엄마는 완벽하다'라고 자신 있게 말한다.

엄마, 이렇게 생각해보세요

"육아를 위해, 나를 위해 시간투자하자."

기업도 연구개발 부서가 필요하듯, 육아도 연구개발하는 시간과 노력이 필요하다. 돈은 일시에 많은 양을 투자할 수 있지만 시간은 오래 투자하는 수밖에 없다. 엄마 자신을 위한 시간 투자가 좋은 육아의 첫 번째 조건이다.

06 부모가 아니라 감시자로 변한다

어린이를 교육하는 유일한 합리적인 방법은 본이 되는 것이다.
다른 것이 될 수 없다면, 무엇을 피해야 할지를 보여주는 본이 돼라.
— 알베르트 아인슈타인

선생님처럼 통제하고 가르치지 마라

사람의 뇌는 '아는 뇌'와 '쓰는 뇌'가 있다. 속담 100개를 박사처럼 줄줄 외우는 아이가 있다. 하지만 정작 친구들과 말할 때나 글을 쓸 때 써먹는 아이는 드물다. '아는 뇌'를 만들기 위해 모든 엄마들은 혈안이 되어 있지만, 많이 알면 알수록 '쓰는 뇌'는 적어진다. 아는 뇌에서 쓰는 뇌로 넘어가는 일은 스트레스를 받는 작업이기 때문에 대부분 포기한다.

쓰는 뇌는 하나를 가르쳐주면 10개로 응용할 수 있고, 아는 뇌는 100개를 가르쳐도 하나도 써먹지를 못한다. 유아들은 유치원에서 배꼽인사를 3년 동안이나 배운다. 하지만 초등학생이 되면 한 달도 안 되어서 잊어버린다. 아는 뇌는 아무리 들어 있는 게 많아도 응용되지 않는다.

대부분의 교육기관은 아는 뇌를 만드는 곳이다. 반면 가정은 쓰는 뇌를 훈련하는 곳이다.

나는 집에서도 학교 교육을 시키려고 하는 엄마였다. 겉은 우아한 엄마표였지만, 안은 온 집안에 학원을 차려놓고 아는 뇌를 만들고 있었다. 집에서 또 하나의 선생님으로 군림한 것이다. 위험천만하게 이 모두가 아이를 위하는 길이라 확신했다.

나는 엄마의 역할을 채 알기도 전에 좋은 엄마 병에 걸려 있었다. 독서와 영어 공부, 학습 습관을 길들인다는 점에서 좋은 콘텐츠는 가지고 있었으나, 이를 실천하는 방법 도중에 나는 선생님이 아닌 엄마라는 사실을 몰랐다. 나름 최선을 다하고 있다고 생각했으나 아이가 즐거워하지 않는 모습은 느낄 수 있었다. 워낙 엄마의 틀이 강했기에 아이는 아마 마지못해 따라오는 척 했던 것 같다.

5살 때부터 아이는 아침 6시에 일어나 엄마와 영어 공부를 1시간씩 했다. 40분가량의 CD를 들으며 동시에 따라 말하기까지 시켰다. 눈도 제대로 뜨지 못한 아이는 엄마가 시키는 대로 중얼거린다. 그것도 손가락으로 짚어가면서. 아이가 씻고 밥을 먹는 순간에도 영어 CD는 계속 돌아간다. 엄마가 머리를 묶는 동안에 아이는 한자 카드를 3뭉치 정도를 읽어낸 다음에야 겨우 집을 나선다. 이것을 5년 반복했다. 어떤 책에서 '하루 3시간 9년 노출'이라는 문구를 보고 따라했던 것이다.

꼼꼼한 A형에 성실했던 나는 아마 직장을 다니지 않았더라면 분명 9년을 채웠을 것이다. 내가 마련한 아이의 아침 시간은 거의 완벽했다. 단 1초도 헛되게 쓰지 않으려 했다. 이것은 사회생활에서나 필요한 것인데 5살짜리 아이에게 적용시키면서 스스로 꽤나 만족스러워했다.

방과 후에 집에 돌아오면 2시간 독서를 꼬박 채우게 했다. 그 시간이 아이에게는 학습에서 도피할 수 있는 시간이었을까? 아이는 그나마 그 시간을 좋아했다.

내가 사회에 나와 보니 우리 아이가 사회생활을 하면서 쓸 수 있는 것들을 하나도 가르치지 않았다는 생각이 들었다. 우리 주위에서 가장 인기 좋은 사람은 학교 다닐 때 공부 잘하는 사람이 아니라, 밥값을 빨리 계산하는 사람이다. 5명이 직장을 다니다가 한 명이 그만둬야 한다면 밥값 빨리 계산하는 사람은 가장 오래도록 남을 것이다.

이미 지식은 무료인 세상이 되어버렸는데 아는 뇌를 위해 너무나 많은 시간을 허비한 것이다. 지식을 가르치는 일에는 밀어붙이기 식의 교육이 가능하다. 하지만 지혜를 가르치는 데는 정성이라는 것이 들어가야 한다. 남이 쉽게 해줄 수 없는 부분이다. 우리나라 아이들의 창의력은 지혜가 뒷전에 밀리는 지식 기반의 아류작이라고 할 수 있다. 부모가 아이들에게 자기 불안을 그대로 이식하기 때문이다.

"나같이 안 되려면 열심히 공부해야 돼."

감시자가 아니라 부모가 되어라

조선시대 교육목표는 군사부일체 인재양성이었다. 교재는 사서삼경, 시험은 과거였다. 이것이 지금의 2015 개정교육과정까지 꾸준히 변해왔다. 나는 6차 교육과정 세대이다. 6차 교육과정은 국가에서 필요한 것을 정해준다.

선생님이 삽시간에 읽어주고 판서한 내용을 성실하게 암기하는 학생을 우등생이라 했다. 그래서 6차 교육과정 시대의 부모 대부분은 한용운의 시 「님의 침묵」에서 '님'이 국가의 비유라고 알고 있다. 황순원의 소설 『소나기』에서 보라색은 죽음을 상징한다는 것을 머뭇거림 없이 전 국민이 똑같이 답할 수 있다. 그래서 우리는 시집을 읽지 않는다.

엄마들은 지금도 끊임없이 물어 온다.

"책만 읽어도 공부를 잘 하나요? 대학에 잘 가나요?"

책 읽는 즐거움을 물어오는 질문은 하지 않는다. 그래서 아이들은 유아 시절에 읽었던 그 많은 책들을 뒤로하고 고학년이 되면 책 읽는 것을 싫어한다.

내 나이 또래 대부분의 부모들이 6차 교육과정 세대들이고, 자녀들은 7차 교육과정 이후의 아이들이다. 이 아이들은 심지어 교과서를 학교 사물함에 두고 온다. 초등학교 6년 내내, 아니 학창시절 내내 교과서를 한 번도 주의 깊게 보지 않았을 부모들이 대부분이다.

서로가 배웠던 교육과정이 다르고 세상의 변화가 이렇게 빠른데도 부모들은 얼음처럼 변화하기를 두려워한다. 나도 그렇게 부모가 아닌 감시자로 10년을 아이 옆에 있었다.

이제 아이들에게서 새 세상을 배워라

요즘 아이들은 태어나자마자 디지털 환경 속에서 살아간다. 부모 세대들은 디지털 이주민이라 할 수 있다. 세대 간의 격차가 없을 수 없다. 아이에게 기계를 주는 것에 유난히 예민한 부모들이 있다. 이미 세상은 스마트화 되고 있는데 단지 기계를 주지 않는 것으로 언제까지 통제가 가능할까? 그런 부모 중 대다수는 정작 식당에 가면 무조건 아이에게 핸드폰을 준다. 모든 것이 디지털로 바뀌는 세상에 이런 아이들은 게임에만 열광하게 되고 부모의 통제는 갈수록 어려워진다.

부모의 역할 가운데 가장 중요한 부분 중 하나가 세상 경험을 통해 얻는 지혜와 통찰력이라는 생각을 한다.

얼마 전 아이들 핸드폰을 모두 애플사의 아이폰으로 바꿔주었다. 예전의 나 같으면 어림도 없는 일이다. 예전에 나는 내 생각과 조금이라도 다르면 아이의 말을 들으려고도 하지 않았다. 삼성의 갤럭시가 이렇게 좋은데 애플이라니? 쓸데없는 낭비라고 생각했을 것이다. 그러던 내가 사회생활과 그동안 놓지 않았던 독서를 통해서 아이에 대한 태도를 조금씩 바꾸어갔다.

요즘 아이들과 이야기하다 보면 온통 새로운 것들뿐이다. 배우는 것이 많아서일까? 요즘은 아이들과 이야기하는 것이 재미있을 때가 많다. 마치 어렸을 적엔 아이들이 이것저것 물으며 귀찮게 했다면, 이제는 오히려 내가 이것저것을 물어봐야 할 상황이다.

세상에 대한 감성이 아이들은 우리보다 훨씬 빠르다. 딸은 아이폰으로 바꾸고 싶은 이유를 나에게 설명해주었다. 이유는 '인스타그램'이었고 설명을 듣는 도중에 나도 모르게 딸아이의 말에 빠져들어갔다. 내가 일하면서 부족하다 느꼈던 세상의 감성에 대해서 아이는 본인의 목적 달성을 위해 친절하게 설명해주었다. 어렸을 때 지시만 내렸던 엄마가 요즘 들어선 아이에게 오히려 배운다.

엄마는 엄마의 꿈을, 아이는 아이의 꿈을!

우뇌 성향을 가진 큰아이 때문에 참 많이 힘들었다. 큰딸은 전형적인 우뇌 아이다. 좌뇌식 교육을 받고 자라온 엄마와 매사에 부딪치기 일쑤였다. 공부를 시켜보겠다고 올인했던 엄마에게 일격을 가하며 뒤늦게 무용을 시작했다. 그동안 해온 것들이 한순간에 무너지는 상황이었다.

하지만 그것을 계기로 더 이상 아이는 내 말만 따르는 내 소유물이 아니었다는 사실을 알았다. 그동안 엄마가 일을 하면서 엄마의 꿈을 향해 매진하고 있을 때, 아이도 엄마의 그늘에서 벗어나 자신이 좋아하고 하고 싶은 일에 대한 꿈을 꾸고 있었던 것이다. 나는 주위의 우려와는 달리 참 다행스러운 일이라고 생각했다. 비소로 자신의 삶을 갖게 된 아이가 기특하고 고마웠다. 아이가 스스로 방향을 정하자 옛날처럼 내가 참견할 수 있는 일이 없었다. 걱정은 되었지만 나도 바쁜 와중에 이것저것 일일이 지시하지 않아도 되었다. 이렇게 편해도 되나 싶을 정도였다. '억지로 끌고 가기만 했던 과거의 일들은 아이뿐 아니라 나한테도 못할 짓이었구나.' 싶었다.

뒤늦게 시작한 무용이었지만 스스로 선택한 일이어서인지 아이는 친구들에게 기죽지 않고 당차게 해나가는 듯했다. 예체능이라는 분야가 나에게 생소했기 때문에 내가 해줄 수 있는 것은 그저 지켜보는 것밖에 없었다. 이상하게도 예전처럼 아이가 월등하게 잘했으면 하기보다는 자신 있게 끝까지 포기하지 않았으면 하는 바람뿐이었다. 그래서 조그만 일에도 감동하고 저절로 칭찬과 격려의 말이 나왔다. 아마도 내가 알지 못하는 분야이기 때문에 오로지 아이만 믿어야 하는 상황이어서 그랬는지도 모르겠다.

덕분에 난 내 일에 더 집중할 수 있었다. 각자의 길을 가면서부터 우린 마치 주말부부처럼 변했다. 부딪힐 일이 줄어들자 대화도 많이 늘었다. 나는 아이의 말을 경청했고 아이는 박사처럼 굴던 엄마에게 뭔가 알려줄 수 있다는 것에 뿌듯해했다.

나는 감시자에서 완전히 다른 엄마가 되어갔다. 3년 동안 여러 대회를 치르면서 아이는 거의 모든 일을 스스로 소화해냈다. 진한 화장을 하고 기다란 무용복을 높이 치켜들고 지하철을 타는 사람은 자기밖에 없다며, 몇 번이나 눈물 바람을 했다. 물론 아이에게 대중교통을 이용하게 한 것은 내 일이 바쁘다는 이유에서였지만, 그때마다 그런 경험도 소중하다는 생각으로 죄책감을 가지거나 불안해하지 않았다. 그런 과정에서 아이는 엄마만 믿고 있다가는 큰일 나겠다는 생각이 들었는지 그 뒤로 대학 입시까지 혼자 알아서 자기 삶을 고민하기 시작했다. 그 고생 끝에 아이의 수시 합격 발표가 났다. 나는 감시자에서 엄마로 태어나고 아이는 자기 인생의 주인공으로 태어나는 순간이었다.

"지식은 근로자를 만들지만 지혜는 경영인을 만든다."

지식이 필요 없다는 이야기가 아니다. 지식을 기반으로 지혜를 쌓을 때, 우리는 세상에서 보다 더 자유롭게 살 수 있다. 이론적 지식에 얽매이지 말고 사람의 이야기를 통해 얻는 특별한 지식에 초점을 맞춰야 한다.

07 착한 아이로만 키우려고 한다

교육이 계속되어야 하는 이유는
아이가 사람으로 태어나지 않고, 사람으로 만들어지기 때문이다.
– 자크 바준

애착 – 아이와 세상을 소통하게 하는 토대

추울 것이라고 마음의 준비를 하면 아무래도 덜 춥다. 아이들 문제도 미리 각오하면 우리의 몸과 마음이 미리 준비한다. 추워도 가야 할 곳은 가야 하고 걱정스러워도 감당해야 할 일은 감당해야 한다.

'나쁜 부모는 있어도 나쁜 아이는 없다.'

이런 말이 있다. 부모로서 무조건 자책하자는 것이 아니다. 그만큼 아이에게 부모가 주는 영향은 엄청나다는 의미다. 아버지가 자식에게 어리석다고 입버릇처럼 말한다면 자식은 그것을 진실로 받아들이게 된다.

어린아이는 부모, 그리고 자신에게 중대한 영향을 끼치는 어른들의 신념 체계를 무조건 받아들인다. 사람은 신념 체계를 지니지 않은 채로 태어나기 때문에 그렇다. 그래서 어린 아이는 자신도 모르게 타인의 신념 체계를 무조건 수용하게 된다. 그래서 이런 미숙한 아이들에게 부모의 역할은 너무나 중요하다.

아이가 태어난 뒤로 가장 중요한 역할을 하는 '애착'은 영아기 때 잠깐 하고 마는 육아 기술이 아니다. 아이가 안심하고 세상과 교류할 수 있는 종신 보험과 같다. 아이가 느끼는 부모의 일관성을 아이들은 '변함없는 진실'이라고 인식한다. 이는 다른 사람과의 관계에도 관여하게 된다. 결국 애착은 사람과의 관계의 맛을 알게 하는 밥상과 같다. 이 밥상을 차리지 못하고 지나치는 부모는 스스로 나쁜 부모를 자처한다. 애착 없는 소통은 체크와 명령문이 전부다.

'숙제 했어?'
'밥 먹었어?'
'일기 쓰고 자.'

이 중요한 사실을 나는 사회생활을 하면서 알게 되었다. 하루에도 수많은 목표와 처리해야 할 일이 있지만, 끊임없이 공감하고 소통해야 한다. 조직 문화는 군대와 같다. 위계질서가 무너진다면 그걸로 끝이다. 애착이 없는 명령은 허공의 메아리라는 것을 알았다. 불통인 전화기에 대고 하루 종일 말하는 꼴이다.

사람은 상대방이 자신을 좋아하는지 아닌지를 말하지 않아도 바로 느낀다. 그런 면에서 아이나 어른이나 똑같다. 심지어 두 아이를 기르면서도 유난히 아픈 손가락이 느껴지는 날이 있다. 그날 덜 아팠던 손가락 하나가 받았을 외로움이 얼마나 컸을까? 이렇듯 모든 행동이나 지시에 애착이 있고 없고는 너무나 중요하다. 이것은 평생 발달시켜야 할 부모의 훌륭한 밥상인 것이다.

잘못된 행동 뒤에 긍정적인 동기를 읽어줘라

사회에서는 의외로 지식이 많은 친구들보다, 감동을 잘 받는 친구들이 일을 더 잘한다. 감동을 잘 받는 사람은 늘 긍정적인 동기를 가지고 있다. 그래서 그들의 삶은 풍요로워 보인다. 아이의 모든 행동에도 긍정적인 동기가 있다. 같이 놀자고 친구를 잡아당기거나, 장난감이 갖고 싶어 친구를 밀치기도 한다. 친구와 놀고 싶은 마음, 장난감을 갖고 싶은 마음은 하나도 나쁠 것이 없는 긍정적인 동기일 뿐이다. 하지만 부모가 무엇을 앞에 두느냐에 따라 아이들이 앞으로 향해 갈 수도 뒤로 걸을 수도 있다.

'친구랑 놀고 싶었구나. 그래도 밀지 말고 말로 해야 해.'

하지 말아야 할 것을 가르치되 먼저 긍정적인 동기를 읽어주어야 한다. 동기가 긍정적이든 부정적이든 혼날 것이라는 두려움이 앞서면 혼나지 않는 것이 우선이 된다. 아이는 야단맞지 않으려고, 나쁜 상황을 피하려고만 애를 쓴다.

우리는 어릴 때부터 두려움을 피하는 것이 우선이었기 때문에 뭔가를 하고 싶어 살기보다는 위험에 빠지지 않으려고만 애써왔다. 그렇게 배웠기에 어른이 된 지금도 꿈을 물으면 답이 없어진다. 내가 뒤로 걸었다고 해서 아이를 뒤로 걷게 할 수는 없다. 긍정의 동기를 먼저 읽어줄 때 아이는 앞을 향해 걷는 아이로 자란다.

'순종적인 아이'로 키우는 게 꼭 좋지만은 않다

자식을 위해 사는 것이 좋은 부모가 되는 길이라고 생각했다. 그러다보니 자식과 함께 살지 못했던 날이 더 많았다. 아이의 나쁜 버릇에 신경을 쓰다 아이가 미워졌다. 그저 기다려주면 될 일을, 뜻대로 되지 않는다고 아이 앞에서 '살고 싶지 않다'고 말해버렸다. 나를 버리고 아이에게만 매달리면 그것이 최고라고 생각했다. 그렇게 흔들리고 힘들어했다.

엄마가 원하는 일들을 매일 스스로 하는 아이를 우리는 '착한 아이'라고 한다. 사실 우리가 아이에게 바라는 것들을 들여다보면 아이 나이에 어려운 것들도 많다. 대부분 우리 자신도 어렸을 때 잘 해내지 못했던 것들이다. 해야 할 일이 많은 엄마에겐 뜻대로 쉽게 이끌 수 있는 순종적인 아이가 더 사랑스럽기도 하다.

하지만 시간이 흐르면 미울 정도로 고집스럽게 자신을 주장하던 아이가 세상을 향해 나아가는 모습을 볼 수 있다. 당당하게 자기 삶의 주인이 되고자 한다. 자기 모습대로 발전해도 충분히 사랑받았을 수 있다는 것을 미리 알아봐주지 못했던 내 자신이 부끄럽고 후회스러웠다. 나중에 가니 반대로 순종적이었던 둘째 아이가 더 걱정되었다. 사랑받고 싶어서 착한 아이 가면을 쓰고 자기답게 자라지 못하지는 않았을까? 뒤늦게 걱정이 된다. 어쨌든 똑같은 아이를 키울 수 없는 부모의 마음은 비 오는 날 우산 장수 같다.

못생긴 발가락에 당당함을 입힌다

10년 넘게 하이힐을 신고 다녔던 내 발은 어느 발레리나 발 못지않게 울퉁불퉁하다. 아이들은 내 발을 볼 때마다 늘 "엄마 발은 너무 못생겼어!"라고 말하곤 한다.

그러던 아이가 어느 날 내 발가락에 빨간색 매니큐어를 발라주면서 "발가락이 보이게 샌들을 신으면 더 예쁘겠다."라고 말했다. 묘한 기분이 들었다. '자라고 있었구나.'라는 생각이 들었다. 늘 떼쟁이라고 생각했던 어린 아이가 든든한 파트너가 된 기분이었다.

내 삶이 곧 아이에 대한 사랑이라는 것을 뒤늦게 알았을 때, 이론대로, 지식대로 키우는 것을 멈출 수 있었다. 애써 가르치지 않아도 아이는 부모의 삶을 저절로 배운다는 무서운 진실 앞에 나를 사랑하기 시작했다. 아이에 대한 걱정과 불안을 뒤로하고, 나 자신을 돌아본 순간 나는 나약하고 초라하기 그지없었다. 내가 키우고 있는 아이와 다름없었다. 좋아하는 것도 모르고, 하고 싶은 것도 마땅히 없는 아주 가난한 땅을 본 듯했다.

가난한 땅에서도 나를 만난다는 것은 말할 수 없는 즐거움이 따른다. 그 즐거움은 아이의 실패에 미소를 지을 수 있게 하고, 약점을 인정하며 남들에게 한심하게 보일 거라 걱정하지 않게 하고, 그 미소에 아이도 나도 같이 자라났다. 드디어 같이 살게 된 것이다.

부모인 우리는 아이들을 수없이 용서한다고 말한다. 하지만 더 많이 용서하는 쪽은 아이들일 것이다. 불안하기에, 사랑받고 싶기에 아마 부모를 더 용서하고 받아들일 것이다.

애써 가르치지 않아도
아이는 부모의 삶을 저절로 배운다는 무서운 진실 앞에
나를 사랑하기 시작했다.

자신을 믿기엔 아직 어린 아이들은 늘 부모의 사랑을 의심한다. 더욱이 우리는 해야 할 일과 해야 할 말들이 너무 많아 정작 사랑을 말할 겨를이 없다. 등이나 팔에 매달리는 아이가, 이유 없이 징징대는 아이가, 나의 사랑을 통해 확신을 얻고 싶었다는 것을 까맣게 모르고 지나치지는 않았을까?

옳지 않은 행동을 해도 행동은 지적하되 사랑한다는 믿음을 주어야 한다. 아이가 몇 번이고 시험하려 들어도 마음의 준비를 미리 하고 이겨내야 한다. 아이의 행동과 아이 자체를 분리해 바라볼 수 있다는 것은 육아의 절반은 이미 성공한 셈이라 할 수 있다. 사람은 사랑도 자신도 잘 믿지 못할 때 시험하려 든다. 일부러 못되게 굴고 맘대로 휘두르려 한다. 하지만 오직 사랑하는 사람에게만 그렇게 한다. 사랑에 대한 불안의 표현이다. 내 아이가 독차지하려 했던 사랑이 뒤늦게 그리워질 때도 있을 것이다.

'누가 날 이렇게 사랑할까?'

아이의 사랑이 부담스럽고 힘들지만 그래도 우리는 그곳에서 행복하다. 엄마의 능력을 과대평가하고 싶어 하는 세상에서 엄마의 능력은 유한하지만 엄마의 사랑만큼은 무한하다.

엄마, 이렇게 생각해보세요

"잔소리의 본질은 잘못된 생각과 습관의 결합이다."

반복해서 이야기하는 것은 아이로 하여금 엄마 말을 흘려듣게 하는 효과밖에 없다.

엄마는 자꾸 '내가 상기시켜주면 할 거야.'라고 생각하지만 아이는 볼륨이 차단된 화면으로 처리할 뿐이다. 잔소리는 적게 하고 아이의 꿈을 응원하는 엄마가 되자.

08 3가지 아이 기질, 3가지 부모 유형

교육의 목적은 기계를 만드는 것이 아니라 인간을 만드는 것이다.
— 장 자크 루소

현명한 부모라면 아이의 기질을 파악하라

"모든 행복한 가정은 다 비슷하지만, 불행한 가정은 제각각 불행한 이유가 다르다."

톨스토이가 쓴 『안나 카레니나』의 첫 문장이다. 이 문장이 유명한 이유는 우리 삶의 면면에서 같은 현상을 발견할 수 있기 때문이다. 아이를 잘 다루는 부모는 모두 비슷한 모습이지만, 아이를 어려워하는 부모는 이유가 제각각이다.

어떤 부모는 아이의 까다롭고 예민한 기질을, 어떤 부모는 아이의 부족한 주의력을 어려워한다. 반면 아이를 잘 다루는 부모는 모두 비슷하게 갖추고 있는 요소가 있다.

현명한 부모는 아이의 기질을 제대로 파악하고 그에 따른 육아 방법을 택한다. 아이의 기질만 잘 파악하고 있어도 엄마의 자격은 충분하다고 본다. 기질과 지능(IQ)는 변하지 않는다. 이 세상에 변하지 않는 것은 여러 번 측정하지 않는다. 어른이 되어서 IQ검사를 하는 사람은 없을 것이다. 변하지 않기 때문이다. 반대로 정기적으로 측정해야 하는 모든 것은 변한다. 매년 건강검진을 한다든가, 매일 체중계에 올라가 몸무게를 측정하는 이유는 변하기 때문이다.

아이의 기질이 부모의 노력에 의해 변한다고 믿는 엄마들을 종종 본다. 기질은 머리를 거친다기보다 거의 자동적으로 나온다. 툭 치면 바로 나온다. 본능적인 반응, 유전적 영향, 비교적 안정적 속성, 성격 발달의 원재료라고 할 수 있다. 기질은 '어떤 결을 가지고 태어났는가?'라고 할 수 있다. 후천적인 성격과 선천적인 기질이 합하여 성품, 곧 인품이 만들어진다.

아이 기질의 3가지 대표 유형

대표적인 기질의 차이는 3가지로 나눌 수 있다.

① 호기심이 많은가? 적은가?
② 겁이 많은가? 적은가?

③ 타인에게 의존적인가? 독립적인가?

첫째, 호기심이 많은 아이는 판에 박힌 듯이 반복되는 것을 견디기 어려워한다. 이런 아이에게는 학교 규칙이 버겁다. 쉽게 흥분하고, 감정 기복이 심하고, 말하는 것을 좋아한다. 이런 아이는 에너지 발산 기회를 많이 줘야 한다. 경계를 알려주고 규칙에 대한 설명, 적절한 보상과 처벌을 함께 가져가야 한다.

반대로 호기심이 적은 아이들이 있다. 익숙하게 반복되는 것을 편하게 느끼고, 틀이 있는 것을 좋아한다. 변화를 싫어하고 규율과 질서를 잘 따르려 한다. 이런 아이들은 자칫 방임되기 쉽고, 인지 능력이 낮아질 수 있기 때문에 엄마의 의도적인 독서교육이 필요하다. 멍 때린다는 소리를 많이 듣기도 한다. 어휘와 상식이 부족하면 선생님이 말하는 것을 내 것으로 연결시키는 고리를 찾지 못한다. 추상 능력을 이해하는 힘이 떨어지기 때문에 구체적인 사물을 놓고 설명하는 것이 좋다.

둘째, 겁이 많은 아이다. 사소한 것에 걱정이 많고, 위험회피 성향이 있다. 엄마가 옆에 오래 있어줘야 한다. 환경이 바뀌는 것을 싫어하고, 수줍어하며, 부정적인 결과를 먼저 예상한다. 이런 아이는 낯선 상황에 대한 준비 설명이 필요하다. 이때 주의해야 할 것은 불안을 야단치지 않아야 한다. 간혹 겁이 많은 아이 가운데 호기심도 많은 아이가 있다. 이 아이들은 대체로 우유부단하기 때문에 성격이 급한 엄마는 자칫 아이에게 상처를 줄 수도 있다. 아이의 왕성한 호기심이 더 이상 자라지 못 하는 경우를 많이 봤다.

첫째 기질과 둘째 기질이 만나서 가장 곤혹스러운 상황을 만드는 경우가 있다. 호기심이 많고 더구나 겁도 없는 아이다. 일명 '마더 킬러'라 할 수 있다. 낯선 상황에서 자신을 잘 드러내고, 긍정적인 결과를 예상하며 행동하고, 변화에 빨리 적응하며 임기응변에도 능하다. 좋은 점을 많이 가지고 있음에도 불구하고 산만하고 사고를 많이 치기 때문에 엄마의 이해가 부족하면 아이는 그냥 산만하고 사고뭉치로 낙인찍히기 쉽다.

셋째, 의존적인 아이는 친밀감을 잘 표현하며, 칭찬과 인정에 민감하다. 하지만 친구들이 원하는 대로 잘 맞추어주는 경향이 있기 때문에 쉽게 거절을 못 하는 경우가 많다. 다른 사람의 거절에 상처를 많이 받고, 타인에게 인정을 못 받으면 음식이나 물건에 집착한다. 어찌 보면 부모의 입장에서는 조정하기 쉬울 수도 있다. 이때 엄마의 칭찬이 중요하다. 그런데 엄마들이 잘못 하는 경우가 많다.

올바른 칭찬은 아이가 잘한 점을 구체적으로, 결과보다는 과정과 노력을, 따뜻한 스킨십을 더해 하는 칭찬이다. 결과 중심의 칭찬은 자칫 아이를 자만하게 만들지만 노력 중심의 칭찬은 많이 해줘도 괜찮다.

　반대로 민감성이 낮은 아이, 독립적인 아이들은 타인의 칭찬이나 무관심에 별다른 반응을 보이지 않는다. 다른 사람의 기분이나 상황에 관심 두지 않는다. 친구에게 양보하거나 맞추는 것도 싫어한다. 한마디로 실용적이고 현실적이다.

　본인은 일단 편하다. 하지만 정서적으로 둔감하기 때문에 관계를 잘 맺지 못한다. 이런 아이들은 감정에 대한 중요성을 설명하고 사회성 정서 교육에 초점을 맞춰야 한다. 기질은 바꾸지 못한다. 다만 이해해야 할 뿐이다. 기질이 좁혀지면 부모가 키우기 쉬워진다.

　어떤 기질이든 자녀와의 대화는 중요하다

　아이를 잘 다루는 부모들이 가진 또 하나의 특징은 자녀와의 대화 방식에서 드러난다.

　자녀와의 대화에서 어떤 내용이 아이의 마음을 닫을까? '도대체 왜 그것밖에 못하니?', '쓸데없는 짓 좀 그만해.', '공부고 뭐고 다 집어치워.', '넌 인격적으로 문제 있어.', '구제 불능이야.'라는 비난의 태도다. 변연계 안의 편도체라는 부분이 격한 감정분노, 공포을 관리한다. 바로 옆에는 기억력을 관리하는 해마가 붙어있다. 결국 격한 감정을 불러일으키는 사건은 죽을 때까지 잊지 못한다는 것이다.

마음을 여는 대화를 할 때 소통이 가능해지고 소통의 핵심은 경청과 공감이다. 귀를 열어 듣는 것이 아니라 마음을 열어 새겨듣는 것! 이론은 쉬운데 결코 쉽지 않다. 그 이유는 아이가 어떤 행동을 보이거나 감정을 보일 때 뒤집어지는 경우가 있다. 나도 모르는 사이에 화가 나고 짜증이 난다. 이런 감정들이 얽히고설켜 습관이 된 행동이 나온다. 살아온 방식으로 굳어버려 습관이 된다.

아이의 감정에 대한 3가지 부모 유형
첫째, 아이의 감정을 축소시키고 전환한다.

'뭘 그까짓 것 가지고 그래.'
'아이스크림 사줄까?'
어른들도 감정을 잘 다스리지 못해 다른 것으로 대처하는 경우가 많다. 예를 들면, 스트레스를 받으면 쇼핑을 한다든지, 먹는 것으로 대처하는 경우가 있다.

둘째, 억압하는 부모다.

'그렇다고 질질 짜냐?'
'못난이 같이.'

대부분 억압형 부모들은 스스로 '엄한 편'이라고 생각한다.

셋째, 한계가 주어지지 않는 방임형 부모다.

'슬프구나, 슬프면 울어야지. 실컷 울어라.'

이런 부모의 아이들은 어떤 감정이 주어질 때 어떻게 대처해야 할지 배우지 못한다.

아이를 성숙한 어른으로 만드는 것이 어른의 기본이다

부모의 자격 이전에 인간은 태어나서 스스로 아무것도 할 수 없는 존재라는 것을 인식하자. 그래서 부모의 자격 이전에 아이를 성숙한 어른으로 만들어 주는 것이 어른이 아이에게 가르쳐 주어야 할 기본 기술이다.

우리나라 국민들은 자격증 매니아 같다. 신입 선생님 면접 서류에 빽빽이 쓰여 있는 자격증을 볼 때면 심장이 벌렁거린다. 계산해보면 4년제 대학을 졸업하고서도 10년 넘게 자격증만 모은 셈이다. 그런데 지금도 소득은 0인 고학력 여성들이 많다.

어른이 되는 것은 독립을 의미한다. 독립은 결혼해서 집을 얻어 부모와 따로 사는 것이 아니다. 육체적, 정신적, 경제적으로 독립되어야 한다. 나도 물론 무자격 엄마에서 출발했다. 하지만 나를 독립시킴으로써, 아이와 공부가 아닌 사회의 성공과 꿈에 관하여 대화할 수 있는 자격을 갖춘 것이다. 중요한 것은 내 아이의 기질을 파악하고 주제가 명확한 꾸준한 대화를 통해 생존 독립을 시켜야 한다. 이런 측면에서 볼 때 부모의 사회경험과 성공경험은 수능 1등급보다 중요하다고 할 수 있다.

 엄마, 이렇게 생각해보세요

"아이를 믿고 나부터 홀로 서자."

아이마다 타고난 기질이 다르다. 어떤 아이는 그냥 내버려둬야 잘 크는 아이가 있고 또 어떤 경우에는 살짝 살짝 관여하고 개입해 줘야 잘 되는 아이가 있다.
자식의 능력에 대해 의심하지 말고, 하늘을 향해 쏘고 구름만 맞춰도 행복해해라.

PART 2

내 아이가
정답인 엄마의
8가지 육아법

01 내 아이가 자라는 속도에 맞춰라

'남들보다, 남들처럼'은 이제 그만!

행복은 선택이다. 하지만 많은 사람들이 행복을 남의 잔디 보듯 본다. "저 집 잔디는 더 푸르네." 멀리 있는 남의 잔디밭은 더 좋아 보인다. 그러나 사실 가까이에서 보면 잔디가 팬 곳도 있고 잡초도 있다. 행복도 마찬가지다.

"저 사람들은 얼마나 좋을까?"

"20대라 좋겠다."

"영어도 잘하고 부럽다."

"잘생겨서 좋겠다."

"돈 많아서 좋겠다."

남의 행복이 더 커 보인다. 그러면서 자신의 행복은 보지 않는 것이다.

아이를 키우다 보면 모든 게 다 불안하다. 목은 잘 가누는지, 이때쯤 기어야 하는 건 아닌지, 옆집 아이는 말을 곧잘 하는데 등 시시콜콜 신경 쓰이는 것이 한두 가지가 아니다. 아이를 키우면서 불안은 끊이지 않는다. 아이는 대부분 문제없이 잘 자란다. 하지만 엄마의 걱정은 끊일 날이 없다. '남들보다', '남들처럼'을 입에 달고 살기 때문이다.

아이의 고유한 능력이 자라는 시간을 견뎌내라

출근하는 선생님의 얼굴이 어둡다. 분명 남편과 다퉜을 수도 있지만 절반 이상은 아이와의 문제이다. 사연을 잘 들어보면 자기 스스로 통제하지 못해서 아이에게 화냈던 일이 대부분이다. 사실 따지고 보면 아이가 엄마를 힘들게 하는 경우는 그다지 많지 않다. 엄마가 버텨주는 시간이 적을 뿐이다.

사회적으로 성공한 대다수의 인물 중에서 토머스 에디슨, 윈스턴 처칠, 빌 게이츠 등 우리가 잘 알고 있는 인물들의 어린 시절을 사회적인 잣대로 잰다고 생각해보자. 이들 어머니들의 대부분은 아마도 부모 상담소에서 살았을 것이다. 우리가 원하는 사회적 성공을 거두기 힘든 아이들이었다. 에디슨 어머니가 에디슨의 학교생활을 수단과 방법을 가리지 않고 유지했다면 우리가 전구를 켜는 일은 아마도 몇백 년 미뤄지지 않았을까? 아이마다 생활연령과 정신연령이 각각 다르다. 정신연령은 뇌의 영역이므로 말이 유창하다든가, 뭔가를 잘 외우고 기억해내는 능력은 아이들마다 차이가 나기 마련이다. 주위에는 3학년 같은 1학년이 있고, 유치원생 같은 1학년도 있다. 그래서 자기 아이에 맞는 설계를 가지고 아이의 능력을 계발해야 한다. 열심히 노력하지만 능력이 계발되지 않는 것은 설계가 잘못된 연습을 하기 때문이다. 결국 부모는 시간을 버틸 수 있어야 한다. 시간은 부모 편이기 때문이다.

아이들은 각자가 가지고 태어난 기질과 특성에 따라 발달 속도가 다르다. 거기에 아이가 엄마 마음처럼 차고 나가지 못하는 것은 아이의 지능과 성실성 때문이 아니라 부모의 미숙한 교육 환경 때문이다. 조급하게 몰아치는 것은 교육이 아니라 사업이다. 매일 예습, 복습이 밀린다고 하소연하는 부모들에게 오히려 묻는다.

"매일 가계부 적으세요?"

엄마는 어색한 웃음으로 넘어간다.

조급해하지 말고 차근차근 단계를 밟아라

최근 아이들이 학교에서 배우는 교과서의 난이도는 대학을 졸업하고 하나도 공부하지 않는 사람들이 볼 수 있는 수준이다. 누리과정 11가지 주제로 연결되는 초등 과정은 모두 37가지의 대주제와, 192가지의 소주제로 구성되어있다. 하지만 대부분 유치원에서 보내는 교육 계획안은 냉장고 위에 붙여져 있다. 간식과 준비물을 보는 도구로 쓰일 뿐이다.

작년 4월에 배웠던 봄 주제를 올 4월에도 배운다는 것을 모르는 엄마들이 대부분이다. 심지어 이 주제가 초등 2학년까지 계속된다는 교육과정을 까맣게 모른 채, 열심히 문제만 풀게 한다. 초등학교에 입학한 아이는 당연히 선생님 말귀를 못 알아듣는다. 배경이 없으니 말이 안 들리고, 자연스레 짝꿍의 캐릭터 필통이 눈에 들어온다. 가르치는 입장에서는 산만해 보일 수 있다. 명절 때 식구들이 모여 드라마 이야기를 나눌 때, 무슨 말인지 몰라 핸드폰만 만지작거리는 나와 똑같다. 산만한 것이 아니라 말귀를 못 알아듣는 것이다.

학년 이상의 연산 문제를 척척 해내는 아이들 또는 학원 진도가 빠른 아이들 중에는, 유난히 교과서 예습, 복습을 자꾸 미루면서 어려워하는 아이들이 많다. 엄마들은 아이의 머리는 좋으나 성실하지 못하다고 말한다. 학교에 다니는 학생이 교과서 공부보다 학원 공부를 더 성실히 잘하는 셈이다. 그러니 엄마 입장에서는 별 문제가 안 된다고 생각한다. 한글을 읽을 수 있으니 읽기능력에는 아무런 문제가 없다고 보는 것이다.

한글을 뗀 대다수의 아이들이 읽기능력을 갖추지 못하고 단계를 넘는 학년 독서를 하는 것은 심각한 문제다. 소리 읽기는 가능하지만 의미 읽기가 전혀 되지 않기 때문에 자기가 읽은 소리를 자신이 듣지 못한다. 당연히 의미해석이 되지 않고, 이해력에 문제가 생긴다. 이렇게 누적된 채 시간이 흐르고, 내용이 어려워지면 일단 공부에 흥미를 잃게 된다. 아이는 원인이 해결되지 못한 채로 자존감을 잃게 된다.

문제는 학년이 올라갈수록 읽기능력의 차이가 다른 과목에 영향을 주면서 속도의 차이를 만든다는 것이다. 이것은 아이의 지능과 성실성과는 별도의 문제로, 학습의 원리만 이해해도 아이의 자존감으로까지 이어지지 않을 수 있다. 영어와 수학과는 달리 '국어'라는 과목은 레벨화가 되어 있지 않다. 서점에 가면 영어와 수학은 뒤늦게라도 혼자서도 공부할 수 있게 단계별로 되어 있다. '국어'는 유일하게 레벨화되어 있는 책이 '교과서'다. 교과서를 보지 않는 아이들이나 단계별 읽기 훈련이 안 되는 아이들은 '국어'라는 도구과목 없이 공부를 해나가야 하는 상황이다.

5년의 기다림이 ADHD 우려 아동을 영재로 만들다

모든 아이들이 같은 속도, 같은 방향으로 가지 않는 것은 당연한 일이다. 아이마다 가진 기질의 특성과 지능 발달의 순서가 다르기 때문이다. 여기에 가장 중요하게 작용하는 것이 교육환경과 생활환경이다. 그중에서도 엄마가 버텨주는 시간의 양이 교육의 질을 좌우한다.

H씨를 처음 만난 것은 그녀의 아이가 5세 무렵이었다. 예쁘고 단아해서 한눈에도 호감 가는 인상이었다. 조용한 성격이라고만 생각했던 엄마는 상담하는 도중에 눈물을 보였다. 아이가 잠시도 가만히 있지 않아서 유치원에서 'ADHD(주의력 결핍 과다행동장애)' 검사를 권유받았다는 것이다. 자신도 아이가 감당이 안 되지만 병원에는 가기 싫다고 했다. 이런 경우에는 나도 조심스럽지만 무조건 병원에 가서 약물 치료를 하는 것은 영 아니라는 생각이 들었다. 집안 가득한 교구들을 보고 아이의 스케줄을 점검했다.

첫 아이라 그런지 집안 구석구석 엄마의 교육열이 느껴졌다. 일단 아이가 좋아하는 것과 싫어하는 것을 엄마에게 적게 했다. 다행히 아이가 책 보는 것을 좋아했다. 하지만 우리가 일반적으로 생각하는 얌전히 앉아서 책 읽는 아이는 아니었다. 엄마와 상의 끝에 대다수의 학습 프로그램은 잠시 보류하고 책읽기 수업을 진행했다. 가장 나이가 많으시고 본인 자녀를 키워본 경험이 있으신 선생님께 부탁드린 뒤 꾸준히 아이 상황을 보고받았다. 첫아들에 대한 욕심도 많았을 텐데 엄마는 모든 것을 내려놓고 그때부터 책읽기만 꾸준히 해나갔다. 선생님을 통해서 아이가 아직도 누워서 수업하거나, 수업 도중 돌아다닌다는 말을 전해 들을 때마다 선생님 눈치가 보인 것이 사실이다. 하지만 선생님도 최대한 아이 뜻에 맞춰서 따라주었던 것 같다. 엄마도 조급해하지 않고 오히려 마음을 내려놓으니 편하다고 말해줘서 한결 마음의 부담이 줄어들었다. 아이에게 한글을 떼는 것도 재촉하지 않고 좋아하는 책만 보게 했다. 그렇게 아이는 세상 편하게 학교에 입학할 나이를 맞았다.

그 결과, 아이가 크게 달라졌다기보다는 엄마의 변화가 많이 느껴졌다. 학교를 들어간 뒤로도 여전히 아이는 산만했지만 엄마가 크게 걱정할 수준은 아니었다. 초등학교 2학년 겨울 무렵, 엄마에게서 전화가 걸려왔다. 담임선생님께서 영재 검사를 받아보라고 권유하셨는데 그런 검사 근처에도 안 가본 아이가 검사를 받아봤자 무슨 의미가 있겠냐는 것이었다. 하지만 아이의 그동안 독서량과 독서 수준이 또래보다 높으니 편안하게 받아보라 말씀드렸다.

아이는 영재로 판명이 났다. 이듬해 영재원에 들어가 본인이 하고 싶은 공부를 맘껏 하게 되었다. 무려 5년이란 기다림이 준 단비 같은 선물이었다. 나는 그 시간 동안 아이 모습 그대로 인정해주고 기다려주었던 선생님께 감사한 마음이 들었다. 나 또한 현장에서 수업을 해봤지만 쉽지 않은 일이란 걸 알기 때문이다.

사랑을 담아 믿고 기다리면, 믿는 대로 자란다

누군가 나를 믿고 기다려주는 사람이 있다는 것은 의지가 되고 희망이 된다. 직장 생활을 하면서도 결과에 상관없이 나를 인정해주고 기다려주는 상사를 만났을 때 내가 살아있음을 느꼈던 것 같다. 안정적으로 일에 집중할 수 있었다. 아이나 어른이나 사람이 다 그렇다. 내가 하는 이 일은 매일 결과를 만들어내야 하는 일이지만, 믿고 기다려주는 이가 있었기에 일희일비하지 않는 평정심을 가질 수 있었다. 결국 사람을 키우는 일이 다 마찬가지라는 생각이 든다. 아이든 어른이든 인간은 누구나 외로움을 두려워한다. 좋은 마음으로 믿어주고 기다려주는 것만이 모든 생명을 자라게 한다.

박웅현의 『책은 도끼다』에서 본 글귀가 있다. 이철수의 「이쁘기만 한데...」이다.

논에서 잡초를 뽑는다.
이렇게 아름다운 것을
벼와 한 논에 살게 된 것을 이유로

'잡'이라 부르기 미안하다.

길지 않은 문장인데 마음을 울린다. 사람은 믿는 대로 성장한다. 지켜보는 것은 아이를 방치하는 것이 아니다. 시간을 두고 사랑을 담아 자세히 보는 것이다.

 엄마, 이렇게 생각해보세요

"아이의 성향은 모두 이기적이다."

양보와 자기 것, 타인의 것의 명확한 기준은 부모가 보여주는 것에 많은 영향을 미친다.

아이가 조금 더디다고 답답하게 생각하지 말고 그 아이가 좋아하는 것을 하면서 아이의 내면과 외형의 성장이 균형을 이루도록 지켜봐주자. 아이는 느려도 성장한다.

02 육아에서 엄마와 아이는 한 팀이다

사람은 교육에 의해서만 사람이 될 수 있다.
사람으로부터 교육의 결과를 빼면 아무것도 남지 않을 것이다.

– 임마누엘 칸트

아이를 어떻게 키울 것인가? 또 엄마는 어떻게 살 것인가?

어떻게 아이를 키울 것인가는 결국 내가 어떻게 살아야 할 것인가와 동떨어진 문제가 아니다. 내 인생관이 곧 자녀관이자 내 교육관이다. 그래서 아이를 키운다는 것은 원래 어려운 일이다. 사람이 세상을 살아가는 데 수많은 길이 있는 것처럼 엄마가 아이를 키우는 데도 수많은 방식이 있다. 무엇보다 아이가 반드시 엄마가 키우는 대로 키워지는 대상은 아니라는 것을 알아야 한다. 머리로 배운 것이 다 지혜로 옮겨간다면 우리는 24시간 책상 앞에 앉아 있어야 한다. 하지만 삶도 육아도 머리에서 가슴까지의 여행을 해야 한다는 것을 잊어서는 안 된다. 매일 가계부를 적고 독서를 하는 엄마를 쉽게 찾아보기 어렵다. 하지만 대부분 엄마는 아이들이 매일 예습, 복습을 빠짐없이 하기를 원하며 독서와 일기는 어렸을 때부터 꾸준히 해야 한다고 생각한다. 사람이 일정한 시간에 어떤 행동이나 생각들을 꾸준히 한다는 것은 쉽게 이루어지는 것들이 아니다. 습관의 힘은 의식 성장을 동반해야 가능하다. 세상 경험이 없고 지식 기반이 약한 아이들에게 이런 것들을 철저하게 요구하면 아이는 두려움과 공포를 느끼게 된다. 더 이상 도전하지 않는다. 당연히 꿈조차 꾸지 않는 아이가 된다.

아이의 성장에는 반드시 엄마의 성장이 필요하다

J씨는 아주 꼼꼼하고 성실하며 책임감이 강한 엄마다. 다행히 그녀의 아들도 예습, 복습은 물론 매일 독서와 일기 어느 것 하나 빠짐없이 성실히 해내는 모두가 부러워하는 아들이다. 엄마가 아들에게 느끼는 자부심은 이루 말할 수 없다. 모두가 한자리에 모이는 주말 수업 때 아이에 대한 엄마 자랑은 같은 또래 아이를 키우는 엄마들에게는 강한 스트레스로 다가올 수밖에 없다.

내가 봤을 때 J씨는 한시도 아이에게서 눈을 떼지 않는 헬리콥터맘이다. 아이의 인생을 철저하게 관리하고 그런 엄마 노릇이 자신의 적성에 딱 맞는 듯했다. 나는 그런 엄마와 아이가 사실 걱정이 되었다. 하지만 아이에 대한 엄마의 자긍심이 너무 강했기 때문에 나의 말이 엄마 귀에는 전혀 들리지 않는 것 같았다.

아이가 고학년이 되면서 한동안 연락이 끊겼다. 그러던 어느 날 엄마로부터 차 한잔하자는 전화를 받았을 때 아이가 중학생쯤 되었겠다고 생각했다. 이런 전화를 심심치 않게 받는 나는 그 엄마가 하고 싶은 이야기를 대략 예상할 수 있다.

봄꽃이 만발했는데도 J씨가 신고 있는 겨울 신발을 보며 한 치의 여유도 없었을 그 엄마의 생활이 스쳐갔다. 아이가 축구와 친구에 빠져 공부를 전혀 하지 않는다는 것이었다. 이야기하는 내내 엄마의 눈빛은 떨렸고 예전의 당당한 모습은 찾아볼 수가 없었다. 아이보다 엄마가 더 걱정이 되었다. 물에 빠진 사람처럼 보였다. 나는 처음으로 J씨의 모습에서 옛날 내 모습을 보았다.

우울증을 호소하는 그녀에게 나는 병원에 가는 대신 사무실로 출근하라고 했다. 나 또한 그랬듯이 아이에게 저 정도 열정과 성실을 쏟을 수 있는 사람이라면 일도 잘할 수 있겠다 싶었다. 영업은 죽어도 못한다며 손사래를 치던 그녀는 커피만 마시고 가라는 말에 그 다음날부터 출근하게 되었다.

이튿날 아침 사무실 문을 열고 들어오는 한껏 멋부린 그녀의 모습에 나는 깜짝 놀랐다. 과연 어제 만났던 그 사람이 맞나 싶었다. 얼굴엔 생기가 돌았다. 그녀는 마치 준비라도 해온 양 자신의 육아 이야기를 선생님들 앞에서 풀어놓기 시작했다.

커피 마시러 온 그녀는 그날 이후부터 매일 아침 손수 커피를 가져오며 나와 그렇게 가족 같은 사이가 되었다. 자신의 아이를 가르칠 때와는 달리 그녀는 다른 사람들과 교육에 관한 이야기를 나누는 것에 무척 흥미로워했다. 그동안 소외된 나를 돌보듯 자신의 주인이 되어갔다.

그 후로 2년 동안 함께 일을 했다. 그동안 아이에게 쏟았던 열정을 일에 쏟으면서 엄마는 엄마대로 새로운 인생 계획을 세우게 되고 아이는 서서히 제 모습을 찾아가기 시작했다. J씨가 변한 가장 두드러진 모습은 육아에 대한 겸손과 자기 인생에 대한 성찰이었다.

내 딴엔 노력한다고 했는데 그건 어디까지나 내 생각이었을 뿐이라는 걸 아이들의 말로 뒤늦게 확인할 때가 적지 않다. 사람을 가르치고 키우는 일은 자신의 성장과 맞물려 간다. 사람은 생각한 만큼만 살게 되고 생각한 만큼만 가르칠 수 있다. 그래서 준비된 엄마는 우리가 꿈꾸는 허상일 수도 있다.

엄마는 엄마가 되어서야 성장을 시작한다. 창피할 것도 미리 겁먹을 것도 없다. 아이와 함께 커 가는 자신을 사랑할 줄 아는 것이 더 소중하다. 아이의 잘못을, 독특한 성격을 꼭 고쳐줘야 한다고 생각하지 말아야 한다. 그런 마음에 사로잡히면 육아가 무거운 짐이 된다. 아이와 함께 보내는 소소한 일상이 즐거움이 아니라 해결하고 처리해야 할 일로 전락한다면 엄마의 오늘은 영원히 바뀌지 않는다.

엄마의 육아 스트레스는 아이를 힘들게 한다

육아도 학습하려 하는 사람들이 있다. 각종 육아서를 읽고 '아이를 위해' 고민한다는 엄마들을 만난다. 이들은 고민 없이 아이를 키우면 아이가 잘 자란다고 생각한다. 반대로 육아가 뜻대로 되지 않고 고민이 쌓이면 자신이 아이를 잘못 기르고 있다고 쉽게 단정 짓는다. 결국은 자신을 위해서 하는 일이다. 아이의 어제와 오늘은 자고 나면 다르다. 행복하고 즐거운 육아가 지속된다는 것은 사실상 불가능하다. 육아 스트레스가 높은 부모들의 특성을 보면 다음과 같다.

첫째, 권위적이고 강압적이다.
둘째, 공격적인 말로 문제를 단번에 해결하려 한다.
셋째, 아이의 이야기를 끝까지 들어주지 못한다.

내가 좋아하는 것이 무엇이고 뭘 하고 싶은지 몰랐을 때, 나도 이 3가지로 아이를 통제하려고 했었다. 통제된 아이들을 볼 때면 내가 잘 키우고 있다고 스스로 안심했다. 하지만 위 3가지는 나쁜 육아의 대표적인 항목이다. 그것을 통해서 그날그날 문제를 해결하고 또 그로 인해 엄마는 늘 스트레스를 받는 것이다. 부모가 판단하고 행동 지침까지 내려주면 아이는 두 가지로 반응한다. 판단을 모두 부모에게 맡기거나, 부모의 판단을 듣지 않으려 대화를 피한다. 어떤 경우도 좋지 않다.

살면서 확실하게 느끼는 두 가지가 있다면 그것은 '이 세상에는 공짜가 없다'와 '허투루 보낸 시간은 없다'는 사실이다. 엄마는 아이들이 좋아하는 게임, 책, 놀이에는 관심이 없다.

아이들이 말을 안 듣는 데만 관심이 있다. 아이의 행동이 마음에 안 들 때나, 몇 번 말해도 변화의 기미가 보이지 않을 때, 아이가 자기 몫을 못할 때, 그렇다고 어떻게든 바꾸려 하지 말아야 한다. 답답하고 속이 터지겠지만 도와주고 격려하며 기다려야 한다. 애정과 관심은 단번에 효과가 나타나지 않는다. 고된 시간의 버퍼링을 동반한다.

이것은 세상살이에서도 마찬가지다. 초창기에 일할 때 나는 매일 아침 출근하는 선생님들이 아이들과 치르는 전쟁 같은 아침 사정에는 관심이 없었다. 그날 목표와 성과에만 관심이 있었다. 출근 시간을 지키지 못하는 선생님들에게 '이게 정답인데 왜 못 받아들이지?'라고 생각했다. 나에게 흥미로운 이야기만 상대방으로부터 들으려 애썼던 것이다.

원래 정답은 듣기 싫은 법이다. 그래서 더 따뜻하게 말해야 한다. 받아들이기 힘든데 받아들여야 하니 정답을 말할 때는 자기편이라는 생각을 하게끔 마음을 담아야 한다. 아이도 부모가 자기편이라고 생각하면 어떤 이야기도 할 마음이 생긴다. 부모가 할 일은 우리가 같은 흥미를 가진 같은 편임을 알려 주는 것이다.

아이를 키우는 것과 부모의 삶은 결코 동떨어질 수 없다. 같은 편이 되어 살아가는 운명이다. 어느 누구라도 인생살이가 쉽다고 말하는 사람은 없다. 엄마는 아이의 인생을 자라게 하고 키우는 사람이다. 절대로 쉬운 일이 아니다. 오늘 잘 안되면 내일 다시 시도하면 된다. 오늘 바뀌지 않는다고 아이의 인생이 당장 어떻게 되는 것은 아니다. 엄마로 살아가야 할 시간은 우리가 생각하는 것보다 훨씬 많이 남아 있기 때문이다.

 엄마, 이렇게 생각해보세요

"내 스트레스는 내가 나를 모르기 때문이다."

'집안일, 애 키우기…. 육아 스트레스로 숨이 막혀요.' 나 자신을 위한 시간적, 심리적 여유가 없기 때문이다. 하루 한 시간만이라도 온전한 나 자신과 만나자. 엄마들의 시간은 조각나 있다. 쪼개진 시간들을 모아보자.

03 　그 어떤 것과도 아이를 비교하지 마라

비교하는 순간, 내 아이만 모자라 보인다

비교라는 것은 인간의 본능 중 하나이다. 동물로서의 본능이다. 안전을 위해서 다른 사람과 같은 길을 가야만 내가 위험해지지 않을 수 있다는 생각 때문이다. 그렇기 때문에 비교하는 것이 잘못된 것은 아니다. 비교만 하는 것이 문제 될 뿐이다.

'우리 아이는 왜 이런 것도 혼자서 못하지?', '왜 저 아이보다 못하지?'
열등감의 근원이 되는 반복적인 비교는 우리가 점점 최선을 다하기를 주저하게 만든다. 인간의 심리 중 하나는 최선을 다하지 않으려는 마음이다. 최선을 다하는 일을 끔찍하다고 생각하기 때문이다. 최선을 다하는 것이 두렵고 아득하게 느껴진다. 특히 안 해본 사람이 그렇다. 진짜 최선을 다해서 20초 안에 들어오면 15초 아이와 비교하지 않는다.

비교와 경쟁을 하다 보면 아이는 점점 완벽해져야만 한다. 늘 완벽한 잣대의 기준이 들어와 있는 아이는 최선을 다하지 않는다. 끔찍하기 때문이다.

아이들의 경쟁은 어른들처럼 시기심이 아니고 제가 할 수 있으면 나도 할 수 있다고 생각하는 건강한 경쟁이다. 하지만 아이가 초등학교에 입학할 무렵이면 모든 엄마들은 불안해한다. 유아기를 어떻게 보냈느냐에 따라 초등 생활은 편차가 나기 마련이다. 유아 엄마들이 객관적이지 않고 답답할 정도로 자기중심적으로 교육을 한다고 하면 초등학생들의 엄마들은 불안할 정도로 과정을 밟지 않은 채 결과만 보려 한다. 초등에서는 객관적인 평가가 이루어지기 때문이다. 부모들 모임이나 여기저기서 들려오는 이야기들은 엄마 마음을 초조하게 한다. 서로 지기 싫어 상대방에게 상처를 주기도 하고, 시샘 때문에 공연히 내 아이만 괴롭힌다.

안심하기 위해 아이의 불안을 부추기지 마라

"왜 공부를 해야 할까?"

종종 아이들에게 묻는다. 어리둥절한 표정으로 아이들은 아무 대답도 하지 못한다. 하지만 마음속으로 외치는 울림이 들려온다.

"그런 것은 안 배웠는데요?"

"안 하면 큰일 나니까 공부하죠."

이 질문을 엄마들에게 해도 마찬가지다. 부모들조차도 왜 공부를 해야 하는지 명확히 알지 못한다. 그래서 나이에 맞는 공부를 시키지 못한다. 원래 가르친다는 것은 아이에게 맞는 걸 시킬 때에만 의미 있다. 요즘 우리 사회에서 공부하는 목적은 자신이 원하는 뭔가를 이루고, 가치를 실현하는 데 있지 않다. 오로지 대학을 목표로 미래에 대한 막연한 불안을 해소하려는 데 있다. 그러다 보니 공부를 시키려 아이들을 위협한다. 고작 부모가 말해주는 '공부하는 이유'는 공부하지 않으면 나중에 살기 힘들다는 정도다. 불안에 민감한 아이들이 앞서간다. 당연히 느린 아이는 뒤떨어진다. 학교에서 점수와 성적, 시험이 사라진다면 어떻게 될까? 부모들은 아이가 똑똑한지 확인하려 들지 않을 것이다.

사회에 나오면 몇 년에 한 번씩 해야 하는 건강검진과 달리 사회는 더 이상 지능을 묻지 않는다. 원래 지능은 정규교육 과정을 못 따라가는 아이들을 찾아내기 위해 만든 것이다. 지능이 좋다고 결과가 더 좋은 것은 아니라는 것을 사회는 알고 있다. 지능이 궁금한 것은 부모가 안심하기 위해서이다.

잘하는 게 아무것도 없는 소년이 있었다. 공부도 못하고 친구들과 뛰어 놀지도 못했다. 늘 교실 구석에 틀어박혀 어서 수업이 끝나기만 기다리는 게 하루 일과였다. 그런데 어느 날 그의 인생을 완전히 뒤바꿔놓는 일이 벌어졌다.

"야! 교실에 쥐가 나타났다!"

삽시간에 교실은 난장판이 됐다. 선생님과 학생들이 쥐를 잡기위해 난리를 떨었지만 아무도 그 쥐가 어디에 숨어 있는지 알아낼 재간이 없었다. 모두 체념하고 있을 때 조용히 앉아있던 소년이 외쳤다.

"선생님, 그 쥐는 지금 벽장 속에 있어요!"

모두가 단단히 준비를 갖춘 채 벽장문을 슬그머니 열었다. 쥐는 쉽게 잡혔다. 선생님이 그를 불러 칭찬했다.

"너에겐 참으로 놀라운 능력이 있구나. 네 귀는 정말 특별하구나!"

이 한마디가 소년의 일생을 바꿔놓았다. 그때부터 그는 자신이 가진 그 유일한 강점을 키워나가는 데 초점을 맞췄다. 그리고 마침내 세계적인 팝 음악가로 성장했다. 앞이 안 보였던 스티비 원더의 이야기다.

창의성은 암기식 학교 성적이 좌우하는 게 아니다. 가능성 역시 학벌에 의해 좌우되지 않는다. 10년 후, 20년 후 자신이 무엇이 되어 있을지는 아무도 모른다. 그러나 자신이 잘하는 단 한 가지 강점에 미친 듯이 파고드는 사람이 10년 후, 20년 후에 그 분야의 최고가 된다는 건 분명하다.

평가와 보상은 어디까지나 일회성 전략이다

나름 아이 교육을 잘하고 있다는 엄마 중에는 성과에 따라 아이에게 상벌을 주는 경우가 있다. 8세 딸아이의 엄마인 K씨는 유아교육을 전공하고 전문 직종에서 나름 성공한 엄마이다. 해박한 지식과 경험으로 늘 여유로운 모습이다. 아이는 또래보다 두 배 정도 빠른 발달을 보이며 모든 엄마의 부러움을 한 몸에 받고 있다.

K씨의 아이는 2년 가까이 선생님과 독서수업을 재미있게 잘해왔다. 그러던 중 선생님이 우려의 목소리를 내기 시작했다. 엄마가 자신의 아이가 또래보다 두 배 정도로 빠른 것은 당연하다고 여기며, 더 빠른 속도를 요구한다는 것이다. 이유는 아이의 지능이 또래보다 우수하기 때문이었다.

선생님이 하는 수업 이외에 엄마가 따로 독서량과 단계 높은 책을 읽을 때마다 보상을 해왔다고 한다. 선생님은 이것을 뒤늦게 알았다. 이

쯤 되면 엄마를 설득하기가 어렵다. 엄마에게 아주 간단한 읽기 테스트를 권유했다. 엄마가 보는 앞에서 이야기를 읽어나가는 아이는 조사와 서술어를 제대로 읽지 않았다. 당연히 띄어 읽기가 안 되고 의미 단위로 읽어가지도 못했다. 소리 읽기만 하고 있었다. 심지어 한 줄씩 건너뛰기까지 했다.

읽기 테스트 내용은 아이들이 잘 알고 있는 '개미와 베짱이'였다. 읽기가 끝나고 몇 가지 질문을 했다. 아이는 지문의 내용이 아니라 자기가 알고 있는 배경지식으로 답했다. 엄마는 이 테스트가 1학년용이라는 데 충격 받았고, 나는 이대로 가면 아이가 즐겁게 책 읽기가 어려울 것 같아 걱정이 되었다.

다행히 엄마는 자신이 하고 있는 보상 제도를 일단 멈추기로 하고 단계와 읽는 양보다는 책 읽는 재미에 더 신경을 쓰기로 했다. 그 후로 아이는 자기가 좋아하는 이야기 시리즈를 무한히 반복해 읽었다. 가끔 너무 정체된 것이 아니냐는 엄마의 전화가 있었지만 분명 깊게 파고 있다는 확신으로 엄마를 안심시켰다.

엄마들이 무심코 하는 상벌 제도는 아이의 동기부여를 끌어낸다는 취지에서 일단 성공적일 수도 있지만 이는 단기적으로 끝나는 일회성 방안에 불과하다. 특히 이것이 다른 아이와의 경쟁의식에서 비롯된다면,

이것은 사회에서 일어나는 경쟁 방식과 다를 바 없다. 사회의 이런 방식을 좋아하는 사람들은 없다. 10년 동안 일하고 있는 나에게도 버거운 일이다. 엄마가 할 일은 사회를 흉내 내는 것이 아니다. 아이를 잘 움직이는 엄마는 작은 차이를 소중히 여기고, 그 속으로 더 파고 들어가는 엄마다.

비교로는 아무것도 얻을 수 없다

다른 아이와의 비교로 얻어지는 것은 단 하나도 없다. 아이가 꼭 100점이 아니어도 괜찮다. 학교에서 상을 받지 않아도 된다. 시험 점수가 별로라도 괜찮다. 오히려 진짜 위험한 것은 조금만 힘들어도 포기하는 것, 인정받는 데만 관심을 가져 쉬운 일에만 매달리는 것, 그리고 좋아하는 일이 마땅히 없는 것이다. 엄마가 정말 관심을 갖고 도와주어야 할 부분이다.

'비교'는 사람을 위축시키고 긴장시킨다. 약간의 긴장은 활력소가 되지만 지나친 긴장은 인지 기능을 떨어트린다. '평가'도 마찬가지다. '평가'란 어린 아이들에게 마약과 같다. 평가를 하면 아이들은 반짝 열심히 한다. 그러나 결국 공부의 재미를 느끼지 못하고 평가 후의 칭찬의 맛에만 중독된다. 배우는 내용이 어려워지고, 성공률이 낮아지면 바로 공부를 싫어하게 된다. 이처럼 어린 시절의 '비교'와 '평가'는 열에 아홉은

해롭다. 인지 발달이 조금 늦거나 우뇌 성향으로 관심사가 다른 아이들은 위축되기 마련이다. 보통 아이들도 제대로 된 학습 태도를 잡기 힘들다. 아이가 제대로 가는지, 아닌지 부모들이 궁금해하는 것은 당연하다. 또 아이가 잘한다는 것을 확인해서 안심하고 싶어 한다. 하지만 잊지 말아야 할 것은 부모는 '사람'을 키우고 있다는 사실이다. 작은 것에 집착해 더 중요한 점을 잊어서는 안 된다.

 엄마, 이렇게 생각해보세요

"비교하기를 멈추지 않는다면 아이 역시 비교하는 것을 자연스럽게 배운다."

비교하는 것. 혹은 비교 당하는 것을 자연스럽게 체득한 아이가 가는 길은 둘 중에 하나이다.
지나치게 경쟁적인 아이가 되거나, 혹은 미리 조절하는 아이가 되거나, 잘한 일에는 품성을 칭찬하고, 잘못한 일에는 행동 자체만 이야기하자.

04   내 아이만의 내비게이션이 되라

우리의 말보다 우리의 사람됨이 아이에게 훨씬 더 많은 가르침을 준다.
따라서 우리는 우리 아이들에게 바라는 바로 그 모습이어야 한다.
– 조셉 칠튼 피어스

내비게이션을 따라가기만 하지 마라

철새들은 해마다 수천 킬로미터를 날아 정확히 목적지에 도착한다. 깊은 바닷속에서 길을 잃지 않고 역시 수천 킬로미터씩 오가는 물고기나 거북이들도 있다. 어떤 코끼리들은 수백 킬로미터 떨어진 가족을 찾아가기도 한다. 이들에게 탁월한 지능이 있는 것도 학습능력이 있는 것도 아니지만 그 먼 길을 한 치의 오차도 없이 오가는 것은, 이치에 거스르지 않고 본능에 충실하기 때문이 아닐까?

어느 날부터 내비게이션이 없이는 한 발도 못 가는 우리들 모습과는 사뭇 비교된다. 분명 내비게이션은 우리 생활에 없어서는 안 될 편리한 도구임은 분명하지만, 이 기계로 인해 우리는 점점 방향감각과 길눈이 어두워지고 있는 것도 사실이다. 의존도가 높아진 것이다.

엄마에게 있어 육아란 어떤 의미일까? 대부분 엄마들은 이렇게 말한다.

"희생입니다."
"인내입니다."
"의무입니다."

육아에 대한 부정적 의견이 지배적이다. 본래 아이를 키우는 일은 즐거운 경험이다. '자식은 5살 때까지 평생 해야 할 효도를 다 한다.'는 말이 있다. 아이가 태어나 걸음마를 시작하고 점차 자라는 모습을 보며, 밝고 건강하게 자라는 모습을 기특해하기보다는 오히려 '이것을 못한다, 저것이 느리다'며 불안해하고 초조해 한다.

육아를 어렵고 힘들게 만드는 것은 바로 부모의 무지다. 부모가 자녀를 양육하는 법을 제대로 알지 못한 채 '내 아이만 늦게 성장하는 건 아닐까?'하는 부정적인 생각에 가득 차 있다면, 자신의 자녀가 다른 아이에 비해 반응이 더디다거나 자녀와 함께하는 시간이 즐겁지 않다는 생각에 사로잡힌다면, 양육이 축복으로 느껴질 리 없다.

고3인데도 여전히 자신의 진로를 찾지 못해 고민하는 학생들이 많다. 고3 아이들의 대부분이 희망하는 직업이 공무원이라는 사실은 부모 된 입장으로 반성이 많이 되는 대목이다. 우리 아이들이 경제활동을 하면서 살아갈 시대는 2030년인데 부모의 인식은 여전히 현시점에서 가장 안정적인 직장에 머물러 있다. 나도 자식을 기르는 입장으로 그 절실한 마음이 이해되기도 한다. 요즘처럼 끔찍한 취업난은 모두가 공무원 시험만을 바라보게 한다. 그래서 어지러울 정도로 빠르게 변하는 시대에 가장 둔한 분야가 '교육'이기도 하다.

강의를 다니면서 '왜 그렇게 열심히 공부를 시키세요?'라고 종종 질문한다. 엄마들의 대답은 한결같이 '불안해서'라고 한다. '남들도 하니까' 뒤처지지 않게 하려고, '남들만큼은 시켜야' 부모로서 최소한 책임은 하는 거니까. 이렇게 자신의 불안함을 눈에 보이는 점수와 학력으로 대체하려는 모습이다. 하지만 이러한 양육방식은 자녀의 경쟁력 향상에 전혀 도움이 되지 않는다. 그렇다면 부모가 가져야 할 양육방식이란 도대체 어느 방향에 서 있어야 하는 걸까? 수천 킬로미터를 날아가 목적지에 정확히 도착하는 철새들의 본능처럼 우리가 가지는 부모 본능으로도 내 아이의 방향은 설정해줄 수 있지 않아야 할까?

세상은 변화무쌍하지만 '변하지 않는 법칙'에 의해서 변한다. 아이를 키우는데 변하지 말아야 할 가장 중요한 요소가 있다면 그것은 '사랑'과 '존경'이다. 부모가 아이에게 사랑을 주는 것은 당연하다고 여기면서 자식이 부모를 존경하는 것에 예외를 두는 경우가 많다. '사랑'만 있고 '존경'이 없다면 애완동물을 기르는 것과 다르지 않다. 이 세상에 한 인간으로 태어나서 다른 사람에게 존경받고, 존중되기를 바라지 않는 사람은 없다. 그것이 바로 사람이 걸어가야 할 길이기 때문이다.

아이들을 통해 부모도 성장한다

요즘 아이들을 키우는 대부분의 가정의 거실을 보면 서재처럼 꾸며져 있다. 각종 장난감과 책꽂이로 꾸며져 있는 거실에서 TV를 찾아보기가 힘들다. TV는 주로 안방에 있고, 대부분의 아버지의 공간도 TV와 함께 안방에 있다. 아버지는 왠지 TV와 함께 쫓겨난 느낌이 든다. 우리가 어렸을 때만 해도 아버지가 한 마디 하지 않아도 그 자리에 존재하는 자체로 충분히 교육이 이루어졌다. 아버지의 권위와 존재감이 있었다. 이제 이런 아버지는 사라지고 말았다. 엄마와 자녀만의 관계로 육아가 진행되고 있다. 자녀 교육에 있어서 가장 중요하지만 관심도에서 가장 뒤로 밀려나 있는 것이 아버지의 역할이다.

이런 아이들에게 사춘기라는 '사회적 신생아 시기'가 온다. 이때는 아이들에게 있어서 아버지, 어머니의 역할 모두가 중요하다. 그런데 성공한 아버지만이 멘토가 되어버린 지금, 아버지의 본분을 학교와 엄마에게 빼앗기고 사춘기 때에 아버지는 군기반장이라는 명찰을 들고 가끔 등장할 뿐이다. 먹고 살기 위한 대부분 생산 활동을 다 아버지에게서 배웠던 우리 할아버지 세대와 사뭇 다른 점이다.

사람에게는 이상을 향해 조금이라도 나아가고자 하는 심리가 있다고 한다. 여기에는 반드시 '존경'이라는 마음이 작용한다고 한다. 자신이 존경하는 사람을 따라하고 배우려는 마음가짐이 생기는 것이다. 즉, 사람은 '존경'을 통해 온전하게 성장할 수 있다. '존경'은 고차원적인 심리 작용으로 동물에게는 없는 부분이다. '존경'하는 마음이 작용할 때 다른 사람을 소중하게 생각하고, 그의 생각을 존중할 수 있게 된다.

역사적으로 교육은 신분 상승을 위한 수단으로 사용되어 왔다. 특히 우리나라가 그렇다. 하지만 요즘 성공의 유일한 도구로 믿어왔던 교육이 성공하기는 고사하고 기본적인 생계마저 보장을 못 해준다. 그에 따른 부모의 불안감이 아이들의 심적 발달을 뒤로한 채 취업을 향해서만 달려가고 있다.

학교는 필요한 교육을 받는 곳이지 더 이상 성공의 도구가 아니다. 취학 전 0~7세까지의 시기는 아이 인생에 있어서 심적 영역을 채우는 황금 같은 시기이다. 아이의 상상력과 창의성의 기반이 되는 심지가 자라

부모가 아이에게 사랑을 주는 것은 당연하다고 여기면서
자식이 부모를 존경하는 것에 예외를 두는 경우가 많다.
'사랑'만 있고 '존경'이 없다면
애완동물을 기르는 것과 다르지 않다.

는 시기이다. 하지만 이 시기의 부모의 무지와 아버지 역할의 부재는 아이의 심적 발달에 영향을 준다.

사회생활을 하면서 이 시대 남자들에 대해 생각을 많이 하게 된다. 그들의 어깨의 무게를 실감한다. 복잡한 조직 생활과 성과로 보여주어야 하는 것들. 대기업에 근무하는 한 친구가 승진하지 않고 버틴다고 말했다. 왜냐고 묻자 아이들 대학 등록금 때문이라고 했다. 직장생활을 하면서 승진하지 않고 그 자리를 버텨낸다는 것이 얼마나 힘든 것인지 알기에 마음이 더 먹먹했다. 빠르게 변하는 세상에서 어찌 보면 부모들의 자기계발이 더 절실하다고 느껴진다.

미래는 상상력과 창의성이 부를 가져온다. 눈에 보이는 물건을 만들어 판매했던 부모 세대와 달리 아이들이 살아가야 할 시대는 눈에 보이지 않는 것에 가치를 부여해서 판매하는 시대다. 때문에 상상하고 풍부하게 느낄 줄 아는 감성발달은 너무나 중요하다. 지식을 넣어주기 위해 이 중요한 감성을 놓친다면 미래의 길은 안개 속을 걷는 것과 같다. 기업은 이미 '인건비 0'의 로드맵으로 가고 있다. 곳곳에 보이는 무인 시스템은 우리를 더 긴장시킨다. 하지만 직업의 생로병사는 계속된다. 직업은 사라지지만 일자리는 계속 창출된다.

직업이 꿈이 되어서는 안 되는 이유는, 앞으로 우리는 4년마다 새로운 지식을 습득해야 하고, 직군을 옮겨가며 일해야 할지도 모른다. 부모 세대처럼 한 가지 직업으로 평생을 보장받을 수 없기 때문이다. 평생 배우기를 멈출 수 없는 시대를 사는 우리들에게 교육의 관점을 달리 보아야 하는 시점이 왔다.

아이가 행복하다면 자신의 육아방식에 당당해져라

아이의 심리적 발달이 잘 이루어진다면 부모는 어떤 양육방식에도 그 당당함을 유지할 수 있다. 공부 잘하는 아이로 키우는 것은 어렵다. 그런데 자기가 무슨 일을 좋아하고 언제 행복한지를 아는 아이로 키우는 것은 더 어렵다. 10세 이전은 이것들이 자리를 잡아가는 시기라고 할 수 있다. 끝없는 자기계발과 사회 경험치를 가진 부모만이 흔들리지 않는 넓은 시야를 가질 수 있다.

모두가 똑같은 경로를 통해 산 정상에 오르는 것은 아니다. 산을 오르는 길은 여러 가지 경로가 있다. 길은 언젠가는 만나게 되어있다. 다만 내가 가고자 하는 방향에 나만의 생각이 있고 없고가 중요하다. 어떻게 살 것인가를 알고 사는 것과 그냥 살아가는 것은 다르다. 다시 말해 교육의 목표는 사람이 살아가는 일에 방향이 맞춰져야 한다. 그래서 부모를 가장 큰 영향력을 가진 사람으로 보는 것이다.

새로운 것을 배우고 읽히는 것이 이제는 더 이상 아이들만 해야 하는 일이 아니다. 부모의 생각만큼 아이는 성장하게 되어 있고, 부모 생각의 크기만큼 자신감 있고 일관된 육아를 진행할 수 있다. 이것은 부모의 삶도 바꿀 수 있는 매우 흥분되고 즐거운 일이다.

 엄마, 이렇게 생각해보세요

"100명의 아이가 있다면 100명의 엄마가 있을 것이다."

한 아이에게 가장 효과적인 양육이란 그 아이에 맞는 방식이 별도로 존재한다는 것이다.

다만 지금 살고 있는 시대의 변화의 폭이 크다. 그래서 육아 방식의 업그레이드가 필요하다.

아이의 남다른 에너지를 발견하라

내가 성공했다면, 오직 천사와 같은 어머니 덕이다.

– A.링컨

특별하게 바라보면 특별한 꽃이 핀다

과학사에서 가장 아름다웠던 실험으로 선정되었던 실험이 있다. 이스라엘의 와이즈만 과학원이 1998년에 실시한 '이중 슬릿 실험'이다. 이 실험은 세상 모든 인간, 사물은 특성이 같은 미립자로 구성되고, 보이지 않는 최소 단위의 미립자는 고체라는 전제로 작은 알갱이의 움직임을 파악하고자 한 실험이다. 중간의 벽에 두 군데 슬릿(가늘고 긴 틈)을 뚫고 거기를 향해 미립자들을 발사한다. 누군가가 바라보면, 미립자가 슬릿을 직선으로 통과해 뒷면에 알갱이 자국이 남지만, 누군가가 바라보지 않으면 미립자는 물결처럼 통과하며 벽면에 물결자국을 남긴다. 평소 작은 파동으로 존재했던 미립자는 '너는 고체야'라는 시선으로 바라볼 때 철저히 고체 형태의 알갱이를 띄면서 두 줄로 서게 된다. 미립자가 속마음을 귀신처럼 읽어낸 것이다. 이 실험을 보면 우리의 마음이 어떤 원리로 만물을 변화시키고 새 운명을 창조해내는지 한눈에 알 수 있다. 만물이 내 마음을 척척 알아내는 미립자들로 만들어져 있으니 내가 바라볼 때마다 변화할 수밖에 없는 것이다.

　사업국장으로 승진을 했을 때 회사로부터 난 화분이 하나 와서 책상에 올려놓았다. 일을 시작하면서부터 일 이외의 것에 그다지 관심이 없었던 나에게는 굉장한 부담으로 느껴졌다. 그동안 식물을 키워봤지만 번번이 실패하기 일쑤였기 때문이다. 더군다나 선인장도 키우기 힘들어하던 내가 난을 키운다고 생각하니 머리가 아팠다. '승진 난'이라 누구에게 주지도 못하고 어쩔 수 없이 키워야 하는 상황이었다.

　그 뒤로 출근하자마자 책상 위의 난을 제일 먼저 살폈다. 물은 언제 주어야 하나, 잎에 생긴 반점은 괜찮은 건가, 쌓인 먼지를 닦아줘야겠다……. 전에 없던 관심을 쏟는 내 모습에 저절로 웃음이 나왔다. 그런데 신기하게도 시간이 지나면서 이 작은 관심은 하루 일과 중 나에게 소중한 시간이 되었고, 난은 그런 나의 관심을 아는 것처럼 날이 갈수록 윤기가 흐르기 시작했다. 그러던 어느 날 신기한 일이 벌어졌다. 잎사귀 사이로 세상에서 가장 아름다운 연둣빛을 띄는 뭔가가 보였다. 꽃대였다. 아침마다 올라온 꽃대 사진을 연신 찍어대며 나는 말로 표현할 수 없는 묘한 느낌을 받았다. 책상 주위를 오가면서 마치 연인처럼 하루에도 수십 번 눈길이 오갔다. 그런 내 마음에 보답이라도 하듯 새로운 꽃대가 계속해서 올라오더니 화분 전체가 꽃으로 만발했다. 사무실에서도 오가는 모든 사람들이 한마디씩 했다.

"좋은 일이 생기려나봐."
"꽃을 보기 힘든 난인데."

그럴 때마다 난 어깨가 으쓱거렸다. 그리고 더 관심과 애정이 가기 시작했다. 그 후로도 난은 3번씩이나 피고 지기를 반복했다. 정말 좋은 일이 생겼고, 이듬해 또 한 번의 승진을 했다. 승진하면서 내 난을 갖고 싶어 하던 산하 지국장의 책상으로 난을 옮겨주었다. 자리가 옮겨지니 그때보다 관심이 덜해져서일까? 그 뒤로 아직까지 꽃을 피우지 않은 난을 보면서, 애정과 관심에 대해 다시 한 번 생각해본다.

'남다르다'는 남보다 앞선 것이 아니다!

생명을 키우는 일들이 다 마찬가지인 것 같다. 사랑의 법칙이 존재한다. 애정과 관심은 생명체를 살아 움직이게 하는 물과 같다. 보이지 않는 이 에너지의 정체를 우리는 아이들을 다 키우고 나서야 뒤늦게 알게 된다. 그래서 20대 젊은이들보다 60대 노인들이 화초를 더 잘 키우는 것 같다. 힘이 좋아서가 아니라 사랑의 법칙을 마음으로 느끼기 때문이다.

특별한 교육을 시키지 않았던 늦둥이들이 곧잘 영재성을 보이는 경우를 종종 볼 수 있다. 그 아이들에게는 안정되고 깊이 있는 특별한 눈빛을 볼 수 있다. 그리고 다양한 표정들이 존재한다. 웃는 표정이 그렇게 다양할 수 없다. 부모의 애정과 관심을 온몸으로 흡수한 자신만의 고유한 표정들을 가지고 있다. 무엇을 바라봐도 호기심 어린 눈빛으로 긍정적으로 받아들인다. 반대로 모든 것이 풍족하게 주어진 환경 속에서 엄마의 특별한 사랑을 받고 자란 아이들이 있다. 먹는 것, 입는 것, 교육에까지 누가 봐도 엄마의 특별함이 묻어나는 아이들을 만난다. 그런데 이중에는 눈빛이 흐리거나, 표정이 없는 아이들이 많다. 호기심을 잃어버린 짜증 가득한 표정과 부정적인 말투 속에 엄마의 애정과 관심이 빠져있는 안타까운 모습들이 비친다. 자신이 특별한 사랑을 준다고 착각하는 엄마는 아이들이 어떤 것을 부어도 흡수하지 못하고 흘려버린다는 사실을 모르고 있다.

사실 우리나라 국민들은 '남다르다'라는 말에 대해 잘못 생각하고 있는 경우가 있다. 우리 머릿속에 '남다르다'는 '남들보다 뛰어나다', '남들보다 앞서 간다'라는 생각의 틀에 갇혀있다. 이 말속에는 '창조'의 개념이 빠져있다. '경쟁'이라는 정서가 강하게 묻어난다. 이 '경쟁'이라는 깊은 정서는 모든 분야에서 '빨리 빨리'를 불러왔고, 일부 분야는 우리나라 주력 산업으로 효자 노릇을 톡톡히 하고 있는 것도 사실이다.

'태안반도 기름 유출 사건'을 우리는 아직도 기억하고 있다. 전 세계가 놀란 것은 바다에 기름이 유출된 사건이 아니라 어른 아이 할 것 없이 전 국민이 하얀 수건을 들고 나와 연일 기름을 닦아내는 모습이었다. 이를 본 세계 사람들은 의아해했다. 한국 사람들은 어떻게 수건을 들고 바다로 갈 생각을 했을까? 따뜻한 마음, 연민 등 다양한 이유가 있을 것이다. 하지만 이런 이유도 있다. 바위 틈 속까지 묻어버린 기름때가 빠지는 시간을 우리는 견딜 수 없었던 것이다. 세계적으로 IMF를 가장 빨리 탈출할 수 있었던 이유도 여기에 있다.

해외 여행지에서 단번에 우리나라 사람들을 알아볼 수 있는 방법이 있다. 리무진 버스에서 내린 관광객들의 옷이 전부 '아웃도어' 등산복이었던 때가 있었다. 등산과 상관없이 남녀노소 모두 '아웃도어'로 거리를 가득 메운 적이 있다. 우리나라 사람들은 남과 다르기를 누구보다 원하면서도 남과 다름을 불안해한다.

특별한 것을 찾으려다 일상을 놓치지 말라

육아에서도 마찬가지다. 엄마들은 아이가 한글을 떼는 시기가 되면 조급해지기 시작한다. 이때야말로 엄마의 남다른 애정과 관심이 요구되는 아이 인생에 아주 중요한 과정이다. 한글을 떼는 시기에 아이들은 두 가지 방향으로 나뉘게 된다.

첫 번째는 한글을 떼면서 이야기에 대한 호기심과 상상력, 배경지식을 모두 흡수해 독서에 긍정적인 반응을 보이는 아이들이 있다. 여기에는 글씨를 읽고 쓰는 의도보다는 아이의 잠재력을 끌어내는데 주력하는 엄마의 남다른 노력이 필요하다. '성대 결절이 세 번 올 때까지 책을 읽어주어야 한다.'라는 말이 있을 정도로, 아이가 이야기를 통해 스스로 알아가는 재미를 느낄 수 있게 해주는 데에 초점이 맞춰져야 한다. 성장기 이후의 독서와 학습 습관은 결국 글을 배우는 시기에 긍정적인 동기를 얼마나 갖느냐에 달려 있다. 성공한 인물들의 뒤에는 늘 독서가 함께 했고, 거기에 쏟는 엄마의 남다른 애정과 관심을 결코 지나쳐서는 안 된다. 주위의 환경과 아무런 노력 없이 아이 혼자 스스로 독서를 즐기고 몰입한다는 것은 앞뒤가 맞지 않는 이야기다.

두 번째는 아이가 글을 떼는 것이 꼭 치러야 할 통과 의례처럼 읽고 쓰는 데에만 치중하는 부모들이 있다. 아이는 이 과정에서 중요한 것들을 놓치게 되는데, 그 중에서도 가장 안타까운 것은 엄마에 대한 신뢰와 자존감을 잃는 일이다. 앞으로 아이들이 접하게 되는 문장들은 갈수록 길어지고 어휘의 양도 많아진다. 하지만 이런 아이들의 대부분이 호흡이 짧기 때문에, 상대방 이야기를 듣고 이해한다든가, 긴 글을 읽고 이해하는 데에 한계를 보인다. 무엇보다도 독서에 부담을 느끼고 부정적인 반응을 보인다. 자연스레 학습 습관에도 영향을 미칠 수밖에 없다. 애정과 관심이 결여된 데에 대한 당연한 보상이라고도 할 수 있다.

이렇듯 세상에는 정확한 법칙이 흐른다. 식물도 동물도 살아있는 모든 생명체는 애정과 관심을 먹고 자란다. 혹자들은 '씨앗의 법칙'이라고도 말한다. 오이가 자라기를 바란다면 정확히 오이를 심어야 한다. 콩을 심어 놓고 오이가 자라길 바란다면 콩에 대한 원망만 자랄 뿐이다. 신이 인간에게 주신 가장 큰 에너지는 '사랑'이다. 우리는 이 에너지를 너무 당연하고 쉽게 생각한 나머지, 더 특별한 에너지를 찾으려다 많은 시간들을 놓치게 된다. 다시 한 번 되새기자. 엄마는 아이 인생에 가장 오랫동안 머무는 존재라는 것을.

 엄마, 이렇게 생각해보세요

"최선을 다해 사랑하되 완벽할 수 없음을 받아들이자."

우리가 들을 수 있는 최고의 찬사는 "부모님이 완벽하진 않지만, 최선을 다하신 것 같다."정도일 것이다. 아이가 엄마에게 바라는 공감 태도는 입으로 말하고, 눈으로 말하고, 몸으로 말하는 것이다.

06 사랑하는 것과 내버려두는 것은 다르다

책임감은 아이들에게 영향을 주는 문제에서
그들에게 발언권을 허용함으로써,
그리고 그 선택권이 있다고 말해주는 곳이면 어디서나 키워진다.

– 하임 기너트

자유롭게 키워도 최소한의 룰은 필요하다

예전에 부모들은 아이에게 감정을 표현하면 아이의 버릇이 나빠진다고 생각했다. 지금 부모 세대들이 자랄 때는 대부분 아버지들은 권위적이며 엄격한 분들이 많았다. 아이에게 사랑한다는 말을 꺼내길 겸연쩍어하는 부모들이 많았다. 자식사랑은 표현이 아니라 마음으로 한다고 생각했던 것 같다. 대부분 그런 정서 아래 자라온 지금의 부모들은 자신들이 고팠던 부분을 보상이라도 받으려는 듯 지나칠 정도로 관대하다는 느낌을 받을 때가 있다.

가끔 아이를 사랑하는 것과 내버려두는 것을 혼동하는 경우를 본다. 아이를 인격적으로 존중하고 자유롭게 키운다는 이유로 아이가 공동체에서 조화롭게 살기 위해 지켜야 하는 최소한의 규칙도 제대로 가르치지 않는다. 식당에서 뛰어다니거나 소리를 지르는 아이를 야단치는 것이 아이 기를 죽인다고 생각하며, 아무런 제재를 하지 않는 부모들이 많다. 답답한 건 많은 엄마들이 아이가 뭘 잘못했는지 제대로 짚어주기보다 엉뚱한 데서 해결을 하려고 한다. 아이가 떼를 쓰며 울 때도 마찬가지다.

"뛰지 마, 저 아저씨가 '이놈' 한다!"
"너 계속 울면 저 아저씨가 잡아간다!"

그동안 아이들 주말 수업 반을 운영하면서 가장 힘들었던 것이 공중도덕에 무감각한 엄마들과 또래 아이들 간 공격적인 행동이 있을 때 대처해야 하는 상황이다. 단순히 교육적인 입장으로 질서를 가르치고 아이들 잘못을 이해시키는 일을 해야 하는 것인데도 선생님들은 그때마다 주저하게 된다. 나는 그 이유를 너무나 잘 알고 있다. 공교육보다 사교육에 더 많은 시간과 돈을 지불하면서도 지식적인 것 이외의 다른 교육에서는 학부모와 선생님이 아니라 고객의 입장이 강해진다. 울타리 밖 선생님들이 겪는 일종의 차별이다.

맞벌이 부부가 많은 요즘 울타리 밖 선생님들의 역할은 너무나 중요하다. 퇴근 시간까지 아이들은 어딘가에 맡겨지거나 학원순례를 해야 하고, 집으로 들어간 늦은 시간 이후에 엄마들은 가사일과 아이들 과제를 챙기느라 아이의 마음상태를 들여다볼 시간이 절대적으로 부족하다. 평소 미안한 마음은 주말에 아이에게 극도로 보상하고 싶은 마음으로 변한다. 공중도덕뿐만 아니라 다른 아이들에게 공격적인 행동을 할 때도 제지하지 않는다. 다른 아이가 갖고 노는 장난감을 막무가내로 빼앗거나 때릴 때도 입으로는 '그러면 안 돼, 사이좋게 놀아야지.'하면서도 진심으로 말릴 생각은 없다. 심지어 엄마를 때리거나 물어도 대수롭지 않게 넘어간다.

기를 살리려고 내버려두면 오히려 기가 죽는다

아이들에게는 육체적, 지식적인 성장을 돕는 것 못지않게 정신적인 성숙을 돕는 누군가가 필요하다. 아이의 정신적 성숙을 도와야 하는 어른들도 감정에 미성숙하기는 마찬가지다. 감정을 표현한다고 아이의 버릇이 나빠지는 것은 아니다.

아이가 어렸을 때는 아이를 위해 뭐든 할 수 있어야 하는 것이 엄마의 사랑이라고 생각했다. 그래서 "엄마가 해줄게."라는 말을 늘 달고 살았다. 이렇게 쉽게 무너질 것이었다면 차라리 그냥 사랑한다고 말할걸. 아쉬운 후회가 남는다. 사랑은 한계가 있다. 아이에게만 다 줄 수도 없고, 아이가 바라는 것을 다 채워줄 수도 없다. 사랑할수록 네가 잘 되기 위해서라며 무언가를 계속 강요하고, 아이가 학교에 들어간 뒤에는 아이의 기를 무참하게 꺾어버리는 말을 아무렇지도 않게 쏟아낸다.

아이의 기를 살린다는 이유로 그동안 유지해왔던 엄마의 근거 없는 관대함은 아이에게 중요한 부분에 빈 공간을 만들고, 엄마 욕심이 드러나는 초등학생 시기가 되면 아이들은 교실에서는 서열을, 부모에게서는 비교당하는 좌절감을 맛본다. 다른 데는 관대하면서 유독 공부에 대해서만은 거침없는 핀잔을 주는 엄마에게 아이들은 충격을 받는다. 이때 아이들은 소리 없이 기가 죽고 좀처럼 자존감을 되살리기 힘들다.

사랑에도 기술이 필요하다. 사람은 본성적으로 자기 자신을 너무나 소중하게 생각한다. 남을 배려하는 마음은 자기가 편해진 다음에야 들기 마련이다. 부모도 예외는 아니다. 주부 우울증을 겪는 자녀들의 정서를 보면 알 수 있다. 나보다 아이에게 집중이 되어야 하는 육아는 그래서 어렵다. 아이를 사랑하지 않는다면 육아가 그리 어렵지는 않을 것이다. 남을 배려하고, 남을 진정으로 아끼는 마음을 가지려면 2가지가 필요하다.

첫째, 존중받은 경험이다. 다른 사람에게든, 자기 자신에게든 누구로부터 존중받은 경험이 없다면 남을 배려하기 쉽지 않다.

둘째, 마음의 여유이다. 부모들과 많은 상담을 하면서 아이들에게 무엇을 해주기보다는 그 이전에 부모에게 마음의 여유를 주는 게 우선이라는 생각을 많이 했다.

사랑에도 기술이 필요하다.
사람은 본성적으로 자기 자신을 너무나 소중하게 생각한다.
남을 배려하는 마음은 자기가 편해진 다음에야 들기 마련이다.

해피엔딩을 그리면서 마음의 여유를 챙겨라

요즘에는 예매를 통한 영화 관람이 보편적이지만 내가 학창시절만 해도 영화가 끝날 즈음에 영화관에 들어간 적이 많았다. 용두사미의 결말이지만 주인공은 거짓된 증거에 비난받고 에워싸이면서 관객들의 눈물을 짜내려 한다. 하지만 결말을 알기에 편안함을 유지할 수 있었다. 영화가 전개되는 모습과는 상관없이 확실한 결말에 대한 앎을 지닌 채 평정을 유지할 수 있었던 것이다.

나는 상담하면서 이 이야기를 자주한다. 내 아이의 해피엔딩 결말에서 시작하자고. 엄마가 아이에게 바라는 모든 것을 상상하고 그것의 해피엔딩 결말을 미리 그려보는 것이다. 그러면서 생기는 엄마 마음속의 여유는 엄마로 하여금 중요한 것을 챙겨가게 한다. 이때 나오는 엄마의 여유로부터 아이는 진정으로 존중받는다는 느낌을 받는다. 혹시 지친 표정으로, 늘 굳어 있는 모습으로 아이를 대하고 있지는 않은지, 아이에게 엄청난 희생과 사랑을 하면서도 거기에 지쳐서 정작 아이에게 어두운 모습만 보이고 있지는 않은지, 이럴 경우 아이가 보는 것은 엄마의 지치고 힘든 얼굴, 자기를 보는 어두운 표정뿐이다. 줄 것을 다 주면서 사랑을 표현하지 않아서 아이가 느끼지 못한다면 너무 억울하지 않은가. 아이를 설득하는 일은 무척 피곤한 일이다. 하지만 운전기술과 규칙을 가르치지 않고 차를 몰게 하는 것은 더욱 위험한 일이다. 제한을 설정하는 것은 규제하는 것과는 다르다. 엄격한 규칙을 엄하지 않게 적용할 수 있어야 한다. 엄격함은 자기를 향한 태도이고, 엄한 것은 타인을 향한 태도이다.

부모에게는 권위가 필요하지만 권위를 유지하기 위해서는 잔소리와 교육의 사이를 지혜롭게 구분할 줄 알아야 한다.

자신감이 없으면 자기 생각과 감정을 편하게 말하지 못한다. 부드럽지만 분명하게 "안 돼."라고 말하는 것이 겁이 난다. 아이는 그 두려움을 분명히 느끼고 부모를 무시한다. 아이에게 상처가 되더라도 할 말을 해야 할 때가 있다. 아이가 슬퍼하거나 힘들어 하는 것을 유난히 못 견디는 부모는 아이의 모든 감정을 자신과 연결해서 생각한다. 얼핏 좋은 부모처럼 보이지만 실상은 약한 부모다.

믿는다는 것과 된다는 것은 하나이다. 아이의 미래는 우리 눈으로 볼 수도 만질 수도 없기 때문에 부모는 된다는 확신 없이 그저 입에서만 맴도는 말들을 한다.

"엄마는 너를 믿어."
"넌 잘할 수 있을 거야."

확신이 있으면 사랑이 샘솟는다
하지만 영화의 엔딩 장면을 미리 본 것처럼 내 아이의 훌륭한 미래를 미리 보고 만질 수 있다면 부모의 마음에는 어마어마한 여유와 부드러움이 녹아날 것이다. 그 여유로움은 돈이 드는 것도, 피나는 노력을 해야 하는 것도 아닌, 생각만으로 이루어짐에도 불구하고 우리는 그 길을 피해 가려한다. 눈에 보이지 않기 때문이다.

　육아가 힘든 것은 부모가 아이에게 가져가야 할 단호함과 엄한 훈육에도, 보이지 않는 것을 믿고 사랑해야 하는 종교적 수준의 사고를 요구하기 때문이다. 이것은 종이 한 장 차이이다. 믿는 것이 된다는 확신이 있다면 누구나 사랑이라는 감정이 샘솟는다. 우선 부모가 행복해지는 길이다. 사랑을 놓지 않으면 엄한 것과 엄격함이 구분된다. 아이에게 엄격한 것과 엄한 것은 다른 것이다. 엄격한 규칙을 엄하지 않게 적용할 수 있어야 한다.

 엄마, 이렇게 생각해보세요

"아이에게는 한계가 필요하다."

　아이는 한계가 명확해야 더 자유롭다. 아이는 자신에게 꼭 필요한 어른이 행동에 한계를 지어주면 상처받지 않는다. 마음속으로 아이는 부모가 진심으로 안전을 걱정하고 사랑을 주기 위해 노력하고 있다는 것을 언제나 감지한다.

07 죄책감은 버리고 아이의 행복에 집중하라

과거 잘 나가는 유망주였던 아가씨는 어디에?

육아와 살림을 하는 여자들의 일상이 얼마나 복잡하고 힘든 정신적 노동을 동반한다는 사실을 주부들은 뼈저리게 느낀다. 일단 눈에 보이는 성과가 없다. 보이지 않는 감정 노동만 있을 뿐이다. 밑도 끝도 없는 일에 치이다 보면 하루가 어떻게 갔는지 한 달이 어떻게 갔는지 정신을 차릴 수 없다. 학창 시절에 우등생이었든, 직장에서 잘 나가는 유망주였든 아가씨 시절 보석 같았던 내 모습은 일단 집에 들어앉아 몇 년만 아이들과 씨름하고 나면 스스로 바보가 된 느낌이 든다. 여기에 직장맘들이 겪는 말 못 하는 속사정들은 이루 말할 수가 없다.

'내가 벌면 뭐해? 이렇게 다 나가버리는데. 차라리 내가 애들을 보고 조금 아끼면 그게 남는 장사지!'

대부분 여자는 이 대목에서 좌절하고 포기한다. 어쩌면 직장생활을 하는 데 있어 매너리즘에 빠져있거나 어려움을 겪고 있던 터에 좋은 핑계가 되기도 한다.

'희생하는 엄마'에 집착해 죄책감 가지지 마라

아침에 울리는 전화벨 소리는 늘 나를 긴장시킨다. 아이가 아파서 출근이 어렵다는 선생님들의 목소리가 대부분이다. 분명 아이에게도 미안한 마음을 가졌을 것이고, 식구들 눈치며, '벌면 얼마나 번다고….' 하는 마음이 수백 번 오갔을 것이다. 집은 집대로, 직장은 직장대로 가는 곳마다 '죄송하다'고 말해야 하는 상황을 지켜보며 나 또한 매번 따뜻하게 위로만 해줄 수 없기에 마음이 늘 짠하다. 나도 그랬으니까. 나에게 꿈이라는 강력한 진통제가 없었더라면 아마 나도 '아이 다 키워놓은 다음에 내 일을 가질 거야!'라고 스스로 위로하며 아이에게 모든 것을 걸며 살았을 것이다.

사람의 마음에는 일정한 자기만의 사이즈가 있다. 그동안 살아온 경험들과 생각의 힘이 내 마음의 크기를 낳는다. 그 공간에 걱정과 욕심을 제외한 나머지 공간이 여유라는 여백이다. 이 여백에서 우리는 행복을 줍는다. 아이에 대한 여백이 많으면 아이의 행복을 줍고, 나에 대한 여백이 크면 더 큰 꿈을 주울 수 있다. 하지만 아이를 키우면서 이 여백이 때로는 죄책감으로 가득 차게 된다. 엄마의 인내와 희생이라는 어머니상에 맞추려다보면 이를 피해가는 일이 쉽지만은 않다. 아이에게 문제가 생기면 엄마의 사랑이 부족해서라고, 사랑으로 감싸주라고 이야기한다. 그 말이 아이를 키우는 엄마에게 얼마나 상처가 되는지 말하는 사람들은 상상도 못 할 것이다.

내가 하는 일이 자녀교육과 관계되는 일이기 때문에 강의나 상담을 할 때 당연히 바람직한 엄마 이야기를 자주 할 수밖에 없다. 그때마다 고객들은 내가 실제로 그런 교과서적인 엄마일 것이라고 착각한다. 나는 혼자 마음속으로 뜨끔한다. 나도 낮에는 버럭하고, 밤에는 반성하는 보통 엄마인데도, 그런 말을 듣고 나면 왠지 죄책감 비슷한 느낌이 든다. 나 또한 마음 한 구석에 바람직한 엄마 방을 만들다 보니 여백이 없어 스쳐가는 많은 행복들을 줍지 못했다.

시험 기간이 되면 선생님들 모습에서 일에 집중하는 모습은 찾아 볼 수가 없다. 그 기간에 나는 직장인이 아닌 아줌마들과 일해야 한다. 아침에 초췌한 얼굴에는 전날 아이와 씨름했을 영상들이 스쳐간다. 내 기억에도 있었던 장면들이라 대수롭지 않게 넘어가지만 문제는 시험이 끝나고 오는 여파다.

아이 성적이 떨어졌을 때 망연자실해 하는 선생님들은 하나같이 죄책감에서 헤어 나오지 못하고 수렁에 빠진다. 좀 더 아이를 끼어 잡고 가르쳤어야 하는데, 이 모든 게 내가 집에 있지 않고 일을 했기 때문이라는 등. 점수 1~2점에 오가는 천국과 지옥이 따로 없다. 수개월 동안 쌓아왔던 커리어우먼은 사라지고 피투성이 패잔병 아줌마만 남아 있다. 그 당당했던 자신감은 오간 데 없고 온갖 죄책감과 자신에 대한 원망뿐이다. 그 원망은 시험점수라는 팻말을 달고 고스란히 아이에게로 갈 것임을 알기에 안타까움은 더하다.

아이가 재미있어 하는 시간을 불안해하지 말라

우리들 부모 세대들은 재미와 감동을 뒤로한 채 앞만 보고 달리는 교육을 해왔다. 6 · 25 전쟁 이후 한강의 기적을 만들기까지 피할 수 없는 선택이기도 했다. 그래서 우리나라 국민의 가장 취약한 정서가 바로 '재미'이다. 우리나라 사람들은 '재미'를 추구하는 것에 일종의 죄의식 같은 것을 가지고 있다. 재미가 있으면 불안해하고 의미 없다고 생각한다.

'저럴 시간에 밖에 나가 운동이나 하지.'
'빈둥거리지 말고 방 청소나 해!'

꼭 아이들이 힘들어해야 엄마 마음이 편한 것처럼 말이다. 아이들이 뭔가에 재미있어 하거나 빈둥거리며 딱히 결과가 나오지 않는 일을 하고 있을 때에 엄마들은 불안해한다. 상상하거나 멍 때리는 시간 말이다. 하지만 재미 없이 어떻게 창의적인 생각을 할 수 있을까? 창의성도 학습해버리려는 왕성한 의욕에 찬사를 보내는 마음도 있지만, 이런 불나방식 어른들의 태도에 아이들의 행복 재능이 희생당한다는 생각을 떨칠 수 없다.

왜 늘 엄마 탓인가? 엄마 탓은 그만하라!

일하면서 늘 느끼는 것 중에 하나가 우리나라 엄마들은 독박을 너무나 좋아한다는 것이다. 마치 진통제처럼 모든 것을 자신의 탓으로 돌리면서까지 아이에게는 조그만 흠집이 가는 걸 꺼려한다. 아이 말문이 늦게 트이는 것도 엄마의 말수가 없어서고, 산만한 아이를 보면서 자신의 사랑이 부족한 탓이라며 자책한다. 결과는 늘 엄마 잘못으로 단정 짓기 때문에 아이와의 대화나 상담은 이어질 수가 없다. 이 또한 모성애의 한 부분이라 생각하지만 이 근접할 수 없는 경계의 선을 넘어야 비로소 엄마와 아이의 행복이 보인다. 엄마가 반성만 한다 해서 아이가 성장하는 것은 아니다.

엄마들이 생각하는 아이들 육아의 성공점수는 대부분 겉으로 나타나는 것에 의존한다. 학교 공부를 잘 한다든가, 어떤 분야에 뛰어난 재능을 보일 때 엄마들은 일단 아이를 잘 키우고 있다고 착각한다. 눈에 보이는 이런 요소들은 평가하기 쉽기 때문에 이 평가점수에 따라 엄마의 육아 점수도 결정된다. 아이가 자랄수록 당연히 엄마는 이 기준을 따라잡는 것이 최종 목표가 되어버린다. 이런 아이들은 엄마 뜻에 따라 학교라는 울타리 교육 안에서는 모범생으로 별 문제 없이 잘 커나가는 것 같지만, 아이를 잘 키우고 있다고 생각하는 엄마들에게 머지않아 아이들은 외친다.

"꿈이 있는 게 꿈이어서 억울하다."
"내가 무엇을 좋아하는지 잘 모르겠다."

결국 이 또한 엄마의 숙제로 남는다.

엄마의 자책감은 아이의 자책감을 이끌어낸다

인간이 살아가면서 필요한 3가지 힘이 있다면, 그것은 뇌력과 심력과 체력이다. 이 3가지는 시기마다 적절한 균형을 맞추며 우리가 행복을 느끼고 찾는데 가장 앞장서서 길러내야 하는 힘이다. 뇌력과 체력은 우리가 익히 학교교육을 통해서 어느 정도 중요성을 알고 있다. 아이 지능발달을 위해 시중에 나와 있는 프로그램들은 셀 수 없을 정도로 많다. 아이에게 운동 하나쯤 시켜야 된다고 말하는 엄마들도 꽤나 많다. 태권도, 축구, 수영, 심지어 승마까지. 아이들 체력 프로그램은 상당히 고급스럽다.

하지만 이 중에서 살아가기 바쁜 우리에게 가장 피부로 느껴지지 않는 힘이 심력이다. 심력은 누군가 가르쳐준 적도 없고 눈에 보이지 않아서 배울 기회를 놓친다. 자연히 자신의 마음을 들여다보는 힘이 약해질 수밖에 없다. 누군가의 마음을 보살피는 일도 어렵다. 이것은 행복을 발견하고 느끼는 데 가장 큰 걸림돌이 된다.

마음에도 법칙이 있다. 비슷한 것끼리 끌어당기는 법칙이다. 자력의 법칙과도 같다. 자석이 종이와 고무를 끌어당기지 못하고, 오로지 쇠로 된 성분만을 끌어당기는 것처럼 엄마가 아이 내면에 집중할 때 아이의 마음은 힘을 받는다. 엄마의 말을 머리로 계산하지 않고 심장으로 반응하는 심력이 생긴다. 반대로 엄마의 자책감은 아이에게서도 자책감을 끌어낸다.

'엄마가 힘든 것은 나 때문이야.'
'나는 엄마를 힘들게 하는 사람이야.'

이런 아이가 아무리 공부 잘하고 부모 말 잘 듣는 효자일지라도 행복을 줍지는 못한다. 엄마는 아이의 행복을 끌어당겨야 하고 그런 아이는 엄마에게 더 큰 행복을 안겨 준다. 세상에 나올 때 탯줄은 잘렸지만 엄마와 아이는 이렇게 영원히 맞물려가는 관계다.

 엄마, 이렇게 생각해보세요

"맛있는 음식, 휴식, 나를 위한 시간을 가지자."

아이를 키우면서 감정조절이 안 되는 가장 근본적인 이유는 지쳤기 때문이다. 틈만 나면 쉬고, 영양제와 고급음식을 먹는다. 하루에 15분에서 1시간만이라도 나를 위한 시간이 있어야 한다.

08 엄마가 행복해야 아이도 행복하다

> 자기에게 줄 수 있어야 자녀에게도 줄 수 있다.
>
> – 체리후버

늘 행복하기만 한 엄마가 어디 있을까!

첫 아이를 아등바등 키우고 있을 때 '엄마가 행복해야 아이도 행복하다.'라는 말을 자주 들었다. 속으로는 이해하기 힘든 말이었다. '이렇게 힘든데 행복까지 숙제야?' 하지만 못된 엄마라는 소리를 들을까봐 꿀꺽 집어 삼켰다. '나는 행복해, 이렇게 행복할 수가 없어.'라며 행복 마취에 걸리려고 무던히 애를 썼던 기억이 난다. 병원에서, 식당에서, 친구들 모임에서도 최고의 행복 연기자였다. 아이를 기르면서 '행복하지 않다.'고 시인하는 것은 일종의 죄라고까지 생각했다. 최근 각종 SNS에 도배되어 있는 아이들의 눈부신 생활들을 본다. 그 뒤에 이어지는 엄마들의 행복 멘트를 보면 대한민국 엄마들의 행복지수는 세계 최고다. 하지만 내 눈에는 무수히 올라오는 사진들 속에서 엄마들의 감정 노동이 느껴진다. '행복하다'고 느껴야 하는 숙제를 하는 듯한 표정이 읽혀지는 것은 왜일까? 아마도 내 직업 탓일 것이다.

매일 나는 수차례에 걸친 상담을 한다. 직장맘, 전업주부, 늦둥이 엄마, 육아휴직 중인 아빠까지. 아이 때문에 시작한 상담은 결국은 엄마가 가지는 육아에 대한 마음자세로 결론을 맺는다. 대부분의 엄마들이 육아에서 오는 우울증을 호소한다. 아이러니한 것은 그런 엄마들의 SNS 속에서는 연일 행복하고 알찬 하루가 이어지고 있다. 도대체 이들은 어디에다 자신의 감정들을 토로하고 있을까? 혹시 쇼윈도 엄마가 되어 있지는 않은 걸까?

엄마의 삶을 찾고 아이와 친구가 되라

가끔 워킹맘 이전과 이후에 아이의 변화를 생각해본다. 아이는 일단 엄마의 감시로부터 자유를 느낀다. 하지만 엄마는 통제에서 비켜간 아이가 불안하기 짝이 없다. 구조적인 틀이 바꿔놓은 일상생활은 아이에게 전에 없던 활력소가 된다. 일단 친구들과 놀 수 있는 짬 시간들이 아이에게 주어진다. 그것을 지켜보는 엄마는 일과 육아를 같이 가져가는 것이 힘들다는 것을 새삼 느낀다.

엄마 또한 그동안 생각하지 않았던 것들을 생각하는 시간을 갖는다.

그러면서 그동안 잊고 지냈던 자신을 찾아가고, 아이는 새롭게 생각하는 법을 배운다. 누군가로부터 주입된 꿈이 아닌 자신을 탐색하기 시작한다. 어느 순간 둘은 각자의 꿈이 생기고, 서로에게 각자의 꿈을 어필하기 시작한다. 각자의 꿈이 생긴 이상 서로를 돌봐줄 시간이 없다. 내 꿈 이루기도 가파름을 느낀다. 그러면서 넘어질 때는 그 옛날 우리가 엄마와 자식이었다는 사실을 까맣게 잊은 채, 힘들다고 말하고 아프다고 말하는 사이가 된다. 서로가 감정을 토로할 통로가 되어준다. 누군가 이 모습을 보면 흔히들 친구 같다고 말한다.

육아가 힘들다고, 어렵다고 말하라

지금도 나는 내 아이가 가장 어렵다. 하지만 달라진 것은 나의 감정을 감추지 않고 세상에 드러낸다는 것이다. 아주 상쾌하고 즐거운 일이다. 의식하지 않고 포장하지 않는다. 더 이상 감정 노동을 하지 않는다. 내가 행복해짐으로써 행복 숙제는 끝난 것이다.

인간의 욕구 중 가장 최상위는 자아실현에 대한 욕구이다. 자신의 성장을 느끼면서 살아간다는 것은 신이 주신 최대의 축복이다. 우리가 살아가면서 맞닥트려야 할 현실은 늘 변화한다. 어떠한 형태로 내 삶에 끼어들지는 아무도 모른다. 보이는 현실을 이기려고 하면 할수록 마음에 남는 것은 결핍뿐이다.

의식하지 않고 포장하지 않는다.

더 이상 감정 노동을 하지 않는다.

내가 행복해짐으로써 행복 숙제는 끝난 것이다.

행복은 눈에 보이지도 만져지지도 않지만, 우리가 행복하다고 느끼는 것은 그것이 보여서거나 만져져서가 아니라 마음에 영혼의 울림이 오기 때문이다. 이 울림은 우리가 살아가는 데에 일시적이 아니라 지속적인 힘이 된다. 우리가 부여잡고 살아가야 할 것들은 이 지속성을 가지고 있는 눈에 보이지 않는 욕구들을 채워가는 것이다.

엄마들의 욕구와 아이들의 욕구는 아이의 성장에 따라 차이가 있다. 현명한 엄마라면 이 차이를 이해하고 각자의 욕구를 채우는 일을 게을리하지 말아야 한다. 아이들이 어릴 때는 가장 기본적인 생리적 욕구, 안전의 욕구, 애정의 욕구를 우선 챙겨줘야 한다. 하지만 이 시기에 엄마의 욕구는 다르다. 누군가로부터 듣는 따뜻한 위로의 말 한마디가 그 어떤 욕구보다도 강할 수 있다. 그 대상이 남편이었을 때는 평생 잊지 못할 마음의 울림이 될 수 있다. 여자에서 엄마가 되는 순간 여자들은 많은 외로움을 느낀다. 몸이 피곤한 것도 있지만 아이와 묶여 있는 현실에서 육아의 모든 짐을 혼자 떠맡는다는 외로움이 든다. 없는 게 없는 요즘 세상에 아이 키우는 것이 뭐가 힘드냐고 어른들은 말할지 모른다. 이 시기엔 육체적인 노동보다는 감정을 손해봐야 하는 마음노동이 더 힘든 것이다. 이때 엄마에게 가장 좋은 보약은 나 혼자가 아닌 남편과 육아를 함께 하고 있다는 믿음과 확신이다.

아이에게 줄 수 있는 가장 큰 선물, 엄마의 행복!

아이가 한창 기어 다닐 무렵, 갑자기 화장실이 급해졌다. 나는 아이를 보행기에 태우고 장난감을 올려놓은 후 고양이 걸음으로 화장실로 들어갔다. 하지만 벌써 눈치를 챈 아이는 화장실 앞에서 대성통곡을 하며 울어댄다. 결국 나는 화장실 문을 열고 "엄마 여기 있어!"라며 아이를 안심시켜보려 했다. 하지만 아랑곳하지 않고 울어대는 아이 앞에서 나는 손 유희에 노래까지 불러야 했다.

아이를 사랑하는 마음과는 별개로 아주 사소한 그런 일들이 반복될수록, 세상에 혼자 떨어졌다는 생각이 들었다. 그때마다 우울하고 눈물이 났다. 아마도 나뿐만이 아니라 아이를 기르면서 여자라면 모두가 한 번쯤은 이런 기분을 느꼈을 것이다. 그렇게 생활에 치이면서 나라는 이름을 잊고 누구의 엄마로 살아간다. 여자로 태어나서 거부할 수 없는 엄마라는 시간들. 전업주부는 전업주부대로, 직장맘은 직장맘대로 자신의 이름으로 산다는 것이 힘겹게 느껴지는 시간이다.

엄마라는 감옥은 참 그럴듯하다. '나'라는 사람은 쏙 빠지고 오로지 아이만 내세워, 자기계발이나 미래에 대한 고민은 하지 않아도 되는 일종의 면죄부같다. 가끔 TV에 등장하는 커리어우먼을 볼 때면 부럽다가도 이내 체념해 버린다.

"아이가 어려서."

"지금은 아이를 키우는 중이니까."

　그래서 아이들은 커갈 때까지 엄마의 일부만 보게 된다. 밥하고, 빨래하고, 숙제도 도와주는 도우미 엄마와 살아간다. 엄마가 아이에게 줄 수 있는 선물 중 아이는 일부만 받게 되는 것이다.

　엄마가 아이에게 줄 수 있는 가장 큰 선물은 엄마의 행복이다. 만약 아이를 위해서 자신의 행복을 포기하고 있다 느껴진다면 다시 생각해 봐야 한다. 아이는 엄마의 전부와 만나야 한다. 어떤 돌봄이나 교육으로만 만나서는 안 된다. 육아는 이론대로 지식대로 되지 않는다. 그래서 준비된 엄마는 없다. 엄마도 엄마가 되어서야 성장한다.

　엄마의 불만과 우울, 상처와 스트레스를 내면화하는 아이들이 의외로 많다. 아이의 공격적인 성향과 부정적인 태도를 고민하고 호소하는 엄마들을 많이 만난다. 아이의 이런 성향들이 꼭 엄마 탓은 아니다. 하지만 우울한 엄마의 아이는 공격성과 부정적인 태도들이 늘어난다. 아이는 우울한 엄마를 자기로부터 멀어지는 것으로 받아들인다. 그래서 부정적이고 공격적으로 변하게 된다. 아이보다 엄마가 먼저인 이유가 여기에 있다.

빨강머리 앤처럼 행복 재능을 꽃피워라

"아! 이렇게 좋은 날이 또 있을까?

이런 날에 살아있다는 사실만으로도 행복하지 않니?

이런 날의 행복을 누리지 못하는,

아직 태어나지 못한 사람들이 불쌍해.

물론 그 사람들에게도 좋은 날이 닥쳐오긴 하겠지만.

그렇지만 오늘이라는 이날은 두 번 다시 오지 않을 거니까 말이야."

『빨강머리 앤』에 나오는 내가 좋아하는 대사 중 하나이다. 어릴 때 학교가 끝나고 집에 돌아오면 TV에서 만화영화를 볼 수 있었다. 당시만해도 집에 명작동화나 이야기 책이 있는 집이 드물었다. 내게도 만화로보는 명작 영화가 전부였다. 하지만 그때는 앤의 말을 하나도 이해하지못했다. 나이가 들어 집어든 『빨강머리 앤』에서 나는 많은 것을 느끼곤한다. 앤은 타고난 행복재능이 있었던 것일까?

'행복 설정 값'이란 말이 있다. 행복의 50%는 유전적 설정 값에 의해결정된다고 한다. 환경에 따라 결정되는 것은 겨우 10%정도이고, 나머지 40%는 자신에게 달려있다고 하니 행복에는 반드시 연습이 필요하다는 게 학자들의 주장이다. 남자아이가 아니라는 이유로 고아원으로 다시 돌아가야 하는 최악의 순간에도, 길가에 핀 꽃이 아름답다고 말할 줄아는 그녀! 내가 앤을 오래도록 사랑하는 이유이다.

엄마, 이렇게 생각해보세요

"아이에게 집안일을 돕게 하자"

　어른에게는 노동인 활동도, 아이들은 놀이로 받아들인다. 음식 만들기, 나무 심기나 화분에 물주는 것도 아이들은 놀이로 생각하고 추억으로 기억한다. 안전이 확보된 선에서 간단한 집안일을 함께하는 것은 놀이의 일부가 된다. 상호작용도 늘리고, 아이가 어른을 돕고 있다는 면에서 자존감도 상승시킨다.

PART 3

아이의
잠재력을 키우는
엄마의 7가지 태도

01 관심 : 아이의 영재성을 발견하라

아이들은 칭찬에 춤추는 고래도, 당근에 흔들리는 당나귀도 아니다.
아이들이 원하는 것은 진정으로 존중받는 것,
부모의 조건 없는 관심과 믿음이다.
— 〈EBS 학교란 무엇인가〉 제작 팀

10세 이전이 뇌 발달의 황금기다!

인간이 인간으로서 스스로 판단하고 사고할 수 있는 뇌가 발달하고, 그 뇌를 사용할 수 있는 프로그램이 만들어지기까지는 10여 년의 시간이 걸린다. 그 뒤에는 발달된 뇌의 기능을 사용하여 지식과 습관을 익혀 한 사회인으로 살아가게 된다.

그러나 다른 동물들은 인간과는 달리 길어야 1년이면 스스로 살아가는 데 필요한 뇌가 다 발달하게 된다. 인간으로서 살아가는 데 필요한 뇌가 발달하는 10년 동안에 인간은 어떤 사람으로 평생을 살아가게 될지 결정이 나게 된다. 이로써 인간에게 교육의 힘이 얼마나 중요한지를 알 수 있다. 이렇게 한 인간으로 살아가기 위해 필요한 뇌는 교육과 습관을 통해 만들어진다.

실제 늑대와 살았던 아이와 개와 살았던 아이의 사례를 보면 사람에게 있어서 올바른 교육과 훈련이 얼마나 중요한지 새삼 느낄 수 있다.

TV에 소개되었던 외국 사례를 보면, 알콜 중독에 걸려 자신을 돌보지 못하는 어머니와 살고 있던 3살짜리 여자 아이가 개들이 있는 곳으로 가게 되었고, 개들과 함께 먹고 자며 생활하게 되었다. 그 아이는 10살이 되어서야 구조되었는데, 발견 당시 아이는 형체만 사람과 같았지 하는 행동은 개와 조금도 다를 바 없었다. 소녀는 입양되어 8년이 지난 지금 두 발로 걸어 다니고 서툴지만 언어를 사용하여 의사전달을 하게 되었지만 18살인 그녀의 정신 연령은 6세를 넘지 못하였다.

또 다른 사례는 9살짜리 남자 아이인데 이 아이 역시 3살 때 할머니와 살다가 집을 나오게 되었고 그 뒤로 늑대들과 함께 생활하다가 5세 때 구조되었다. 약 2~3년간 늑대와 살았는데도 아이를 발견할 당시의 모습은 누가 보아도 사람이라고 하기 힘들 정도였다. 이 아이가 사람과 살게 되면서 교육받기 시작한 지 4년째에 정상적인 아이의 90%정도로 지능이 좋아졌다고 한다.

여기에서 두뇌발달 시기가 얼마나 중요한가를 알 수 있다. 늑대와 생활한 아이는 뇌가 왕성하게 발달하는 시기인 5세에 발견되었고, 개와 생활한 아이는 10세에 발견되어 이미 뇌의 많은 부분이 발달한 뒤에 발견되었기 때문이라고 생각한다.

이 두 아이의 사례를 통해 유아교육이 얼마나 중요한가를 잘 알 수 있다. 만약에 뇌 발달이 80% 정도 진행된 10살짜리 아이가 개와 살게 되었다고 가정해보자. 이 아이가 2~3년 개와 살았다고 사고하고 행동하는 것이 개처럼 되지는 않을 것이다.

아이의 뇌를 발달시키는 것은 부모다

위 두 사례를 통해 사람은 뇌가 발달하는 시기에 늑대와 살면 늑대를 닮고 개하고 살면 개를 닮는다는 것을 알 수 있다. 그렇다면 화가 나면 늑대처럼 아이를 윽박지르고 함부로 행동하는 부모와 사는 아이는 당연히 늑대 같은 부모를 닮을 것이다.

"넌 나중에 커서 뭐가 되려고 그러니?"
"똑바로 서지 못해!"
"어른이 얘기하는데 누가 버릇없이 울라고 그랬어!"

그러나 많은 사람은 자기가 늑대 같은 부모라고 생각하지 않는다. 자식을 위해 최선을 다하는 양 같은 사람이라고 생각하며, 인성교육은 가정에서 하는 것이 아니고 유치원에서 시키는 것으로 알고 있다. 하지만 잘 알아야 할 것이 하나 있다. 늑대처럼 행동하는 엄마하고 사는 아이는 아무리 유치원에서 양 같은 교육을 해도 결국은 늑대 같은 행동을 하는 사람으로 성장할 것이다. 유치원에서 배꼽 인사를 3년 동안 배워도 초등학교에 올라가면 도루묵이 된다. 교육을 하는 곳은 유치원이지만 그 교육을 아이에게 훈련시켜서 평생 사용할 수 있는 뇌를 만드는 곳은 가정이다. 훈련시켜야 할 사람은 부모다.

"내 아이 천재로 키우는 법!" 이런 말에는 귀가 솔깃하지만, "아이는 엄마의 거울이다."라는 말은 외면하고 싶다. 천재로 키우고 싶은데 나를 닮는 것은 싫다는 것이다. 그러나 우리 아이는 나를 닮는다. 옆집 아주머니를 닮을 수는 없다.

아이들의 두뇌구조는 어른들과 다르다. 뇌가 발달한 어른들은 아무리 재미있는 영화도 두 번 보고 세 번 보면 재미없어한다. 하지만 아이들은 똑같은 영화를 여러 번 보고도 재미있어한다. 심지어 2~3년 계속 보는 경우도 있다. 엄마가 책을 읽어준다고 하면 어제 읽어준 책을 또 가져온다. 책을 읽어주다 보면 질문 때문에 진도를 나가지 못하게 하여 화를 버럭 내는 경우도 있다. 엄마의 두뇌와 아이의 두뇌는 확연히 다르다. 그래서 아이와 엄마는 함께 공부할 수가 없다.

"내 아이 천재로 키우는 법!" 이런 말에는 귀가 솔깃하지만,
"아이는 엄마의 거울이다."라는 말은 외면하고 싶다.
천재로 키우고 싶은데 나를 닮는 것은 싫다는 것이다.
그러나 우리 아이는 나를 닮는다.

100점 맞는 아이 만들려다 아이 두뇌 망친다

엄마가 아이의 뇌 발달 시기에 좌뇌 중심적인 결과중심 교육만 시킨다면 아이는 4학년이 되면서 부족한 것이 나타나게 된다. 매일같이 30분씩 3살 때부터 10살까지 가르친 큰 아이보다 어깨 너머로 배운 작은 아이가 머리 쓰는 것이 낫다는 것을 알게 된다.

초등학교에 들어가면 본격적인 좌뇌 학습으로 뇌 발달을 방해하게 되는데 특히 받아쓰기처럼 반복된 쓰기는 일시적으로 100점을 맞게 할 수는 있으나 이로 인해 학습의 스트레스를 받게 하고 공부의 흥미를 잃어버리게 한다. 엄마가 아이를 100점 맞는 아이로 만들려는 사이 아이의 두뇌는 망가지고 있다는 걸 알아야 한다.

초등학교 4학년 남자아이를 둔 민재 엄마는 매일 저녁 속이 부글부글 끓어올라 화병이 날 지경이다. 민재에게 뭐 하나를 시키려면 진이 빠지게 잔소리를 해야 하기 때문이다.

엄마가 민재에게 "일기 써라!"하고 말하면 민재는 "네!"하고 제 방으로 들어가 책상 앞에 앉는다. 책상 앞에 앉아 있는 모습을 본 엄마는 안심하고 집안일을 시작한다. 그러나 1시간쯤 지난 후 "다했니?"하고 물으며 방에 들어가 보면 그때까지 민재는 시작도 하지 않은 채 책상 앞에 앉아 딴 짓만 하고 있다.

처음에는 좋은 말로 "앞으로 한 시간 내에 일기 다 써놓거라."하고 하던 일을 마저 하러 방을 나간다. 다시 한 시간이 지난다. '이제는 다 했겠지' 생각하고 방에 들어가 일기장을 보면 한 줄 밖에는 쓰여 있는 것이 없다.

일단 화를 꾹 참고 "30분 안에 다 해놔. 안 그러면 혼난다!"라는 마지막 경고를 남기고 방을 나온다. 다시 30분쯤 지나 들어가 보면 일기는 쓰다 만 그대로이다. 결국 잔뜩 야단을 맞고 눈물을 뽑은 뒤에야 일기 쓰기를 마친다.

대부분의 엄마들이 이와 비슷한 이야기를 하소연한다. 학교 숙제든 학원 숙제든 공부 좀 하게 하려면 매번 진이 빠질 만큼 잔소리를 하고 야단을 쳐야 하기 때문에 너무 속상하다는 것이다.

아이들이 이런 좋지 않는 학습 태도를 갖게 된 데에는 아이와 가장 많은 시간을 보내는 엄마의 영향이 크다. 지금 아이에게 필요한 것은 무엇인지에는 관심을 두지 않고, 오로지 엄마가 짜놓은 프로그램대로 강하게 밀어붙이며 '공부만 강요하는 엄마의 태도'는 아이에게 어떻게 하면 그것을 피해갈 수 있을까만 궁리하는 '회피하는 태도'를 낳고, 엄마의 그런 태도는 아이가 엄마에게 반항하면서 공부를 거부하거나 속이는 등의 '적대적인 태도'까지 갖게 한다. 이렇게 되면 엄마는 물론이고 아이도 몹시 힘들고 지친다.

'영재는 만들어진다'는 말에 강한 믿음을 가지고 있는 엄마들은 타고 난 아이의 능력이나 특성은 생각하지 않고 밀어붙이면 다 잘할 것이라고 믿는 경향이 있다. 우리 눈에 보이는 고작 2%의 성과가 나오지 않는다고 '아이가 게을러서'라고 생각한다. 달리는 말에 채찍질하듯 몰아붙이면, 우리 눈에 보이지 않는 98%의 내 아이 영재성은 영원히 잠자고 있을 수밖에 없다.

 엄마, 이렇게 생각해보세요

"10세 이전은 상상력의 시기다."

6, 7세 아이는 논리보다 직관을 이용해서 세상을 이해한다. 추상적인 사고보다는 눈에 보이는 이미지를 바탕으로 사고한다. 6, 7세 아이들이 수와 문자를 배우는 걸 어려워하는 게 당연하다. 아이가 너무 똑똑해서 가르치는 것마다 다 알아듣는다고 해도 사실 수와 문자를 이해하는 게 아니라 외우는 것일 확률이 크다.

02 믿음 : 말과 목소리에 힘을 담아라

빨리 듣고, 느리게 말하고, 더디 분노하라.

– 야고보서 1:19

동화작가 안데르센을 만든 엄마의 믿음

말의 힘은 놀라워서 동물이나 식물에게도 영향을 받는다. 예쁘다는 칭찬을 많이 들은 식물은 실제 어여쁜 꽃을 피우지만 "너는 못생겼어.", "너는 쓸모없는 잡초야."와 같은 비하를 들은 식물들은 이내 시들어버리고 만다고 한다. 식물이 사람 말을 알아들어서일까? 그보다는 말에서 느껴지는 기운이 작용한 것이다.

아이들에게도 한없이 꾸중만 한다면 주눅이 들어 아무 일도 못하고 실수만 연발한다. 제 몫을 못 해낸다. 하지만 반대로 칭찬과 격려를 반복적으로 하면 말 자체가 힘을 발휘해 말한 대로 된다.

모든 말은 선악 모두에 작용하는 힘을 지니고 있다. 말에 무엇을 내포하는지에 따라 의미도, 효과도, 강인함도 바뀔 수 있다는 것을 잊어서는 안 된다. 말은 본인에게도, 주변 사람에게도 삶과 죽음을 전달하는 메신저이다. 말 한마디에 사랑과 헌신과 우정을 담는다면 그것과 같은 감정이 상대방의 마음에도 일어난다.

교육은 종교와 비슷하다. 아이에 대한 믿음이 절대적 수준까지 가야만 성공할 수 있다. 그 절대적인 믿음은 현재가 아니라 미래를 향해 있어야 한다. 세계적인 위인들을 길러낸 어머니들은 하나같이 자식의 미래에 대해서 종교에 준하는 믿음을 가졌다. 그 대표적인 예가 동화작가 한스 크리스찬 안데르센의 어머니다. 모두에게 알려진 대로 안데르센은 수십 년을 무명작가로 보낸 뒤에야 비로소 유명해졌다. 안데르센은 최초의 작품을 완성하고, 주변 사람들에게 "이게 글이냐?"라는 혹평을 받았다. 좌절한 안데르센이 눈물을 펑펑 쏟으면서 집으로 돌아왔을 때의 일이다.

안데르센의 어머니는 아들이 집에 도착하자마자 한달음에 달려가 말해주었다.

"안데르센, 절대 포기하지 마라. 엄마가 네 작품을 읽어보니 위대한 작가의 소질이 분명히 보이더구나. 그러니 끝까지 시도해라. 넌 반드시 세계적인 작가가 될 거야."

안타깝게도 안데르센은 그 이후로 수십 년간 쓰는 작품마다 조롱을 받았다. 그때마다 안데르센은 어머니의 절대적인 지지를 받았고, 이내 기운을 회복해서 새로운 작품에 도전했다. 안데르센의 어머니는 아들이 평론가들로부터 '얼간이 작가', '촌뜨기 작가' 등의 조롱을 받을 때 세상을 떠났지만, 임종하는 순간까지도 아들의 미래를 확고하게 믿었다. 그녀는 유언으로 "넌 반드시 세계적인 작가가 될 것이니, 현실에 굴하지 말고 끝까지 도전해라."라는 말을 남겼다. 그 이후로도 안데르센은 십여 년간 혹독하게 무명작가의 삶을 살아야 했지만 포기하고 싶을 때마다 어머니의 유언을 생각하면서 힘을 냈다. 안데르센의 어머니는 아이의 현재는 아이의 미래만큼 중요하지 않다는 원리를 깨우치고 있었다. 만일 그녀가 아이의 미래보다 현재에 더 집중했다면 어떤 결과가 벌어졌을까? 아마도 안데르센은 절대로 세계적인 작가가 될 수 없었을 것이다.

엄마의 믿음이 미래까지 가지 못하는 이유는 지금 눈에 보이는 아이의 모습 때문이다. 사람은 눈에 보이는 것에 쉽게 믿음이 갈 수밖에 없다. 모든 성공이 종교적 수준에까지 이르러야만 하는 것은 인간이 신념의 산물이기 때문이다. 사람은 자신이 믿는 것 이상의 존재가 되거나 얻을 수 있는 것 이상의 것을 손에 넣을 수 없다.

믿음이 없으면 비교하게 되고, 비교는 소통 단절을 부른다

엄마가 공부하라고 말하지 않아도 스스로 열심히 공부해 특목고에 들어가고 명문대에 들어간 아무개. 듣기만 해도 가슴 벅찬 이야기이다.

'우리 아이도 저랬으면 좋겠다!'

학교 다니는 아이를 둔 우리네 평범한 엄마들이 가지고 있는 소박하지만 정말로 간절한 소망이다. 나도 그랬다. 하루에도 몇 번씩 '알아서 척척 공부 좀 했으면 소원이 없겠다!'고 혼잣말을 하면서 때로는 아이에게 소리도 치고 그저 막연하게 그런 아이를 둔 엄마가 부럽기만 했다. 아이에게 공부 좀 하라고 하면 "잠깐만 잠깐만."하며 자꾸만 미루고, 알림장에 쓰여 있는 글씨는 알아볼 수도 없이 엉망진창이다. 숙제는 성의 없이 후딱 해치운 후 나가 놀려고만 하고, 책상 앞에 앉아 있기에 공부하는 줄 알았는데 가보면 딴 짓만 하고 있다. 시험이 내일인데도 컴퓨터 게임에만 열중인 아이를 보면서 엄마들의 마음은 숯검댕이가 되어간다.

비싼 돈을 들여가며 학원에 보내고 과외를 시키고 학습지를 시켜도 성적이 오르지 않아 아이에게 계속 시켜야 하는지 회의도 든다. 그렇다고 그냥 내버려둬도 괜찮은지 아니면 학원이나 과외를 하나 더 시켜야만 하는 것인지 그것도 판단이 서지 않는다. 다른 아이들은 지금 이 시간에도 과외에서 혹은 학원에서 뭔가를 배우고 있을 것만 같아 더욱 불안하기만 하다.

어디 그뿐인가? '아무개가 강남으로 이사 갔다. 아무개가 유학 갔다' 하는 소리를 들으면 어쩐지 우리 아이만 뒤쳐지는 것 같아 가슴이 쾅쾅 뛴다. 게다가 "공부 좀 하라."는 엄마의 말은 더 이상 통하지 않는다. 오히려 "엄마는 맨날 공부 타령만 한다니깐." 같은 비난의 화살로 돌아와 엄마의 가슴에 꽂힌다.

아이를 끊임없이 다른 집 아이와 비교하면서 '더, 더, 더!' 하는 부모. 아이에게 모범을 보여야 한다는 강박관념에 빠져서 대단히 부자연스러운 태도로 아이 앞에서 뭔가를 끊임없이 시도하는 부모. 아직 다 풀지 못한 참고서, 문제지, 시험지를 보면서 조급해하는 부모들을 보며, 아이들은 무의식적으로 이 사람은 내가 기댈 수 있는 사람이 아니라는 판단을 내린다. 이런 판단은 아이와 어른 사이의 벽으로 발전하고, 점점 의사소통의 단절을 가져온다. 이때쯤이면 부모와 아이의 관계는 '인간 대 인간'이 아니라 '부모 대 자식'이 된다. 관계 대신 의무가 들어서고, 교육 대신 공부가 들어선다.

모범을 보여 말에 믿음과 힘을 담아라

마음의 법칙은 단순 명쾌하다. 두려운 마음은 또 다른 공포를 부르고 불안한 마음은 또 다른 걱정을 부른다. 증오는 증오를, 질투는 질투를 부른다. 이것이 "닮은 것끼리 끌어당긴다."라고 하는 '마음의 법칙'이다. 마음은 끝없이 무언가를 끌어들이고 있다. 그때 마음을 지배하고 있는 사고와 신념이 자석 역할을 하고 있는 것이다.

아이에게 "공부 잘해라.", "열심히 해라.", "1등해라.", "훌륭한 사람이 되어라." 백날 말해보았자, 부모 자신이 그렇게 살지 않는다면 잔소리일 뿐이다. 하지만 부모 자신이 인생을 치열하고 도전적으로 살면 메시지에 놀라운 힘이 생긴다. 아니 굳이 전달하지 않아도 에너지로 느낄 수 있다. 아이들이 스스로 부모를 닮으려 노력한다. 부모를 존경하는 아이로 키운다는 것은 부모로서 최고의 길을 가고 있는 것이다.

교육자가 노력하지 않을 때 교육은 공허해진다. 자기 자신의 삶에서 치열한 노력을 하지 않는 부모는 아이들에게 "도전적으로 살아라.", "꿈을 갖고 살아라.", "위대한 목표를 가져라."라고 말해봤자 먹혀들지 않는다. 메시지에 힘이 실리지 않기 때문이다. 자기 자신이 그렇게 살지 않는데 메시지에 무슨 힘이 있겠는가? 그저 잔소리일 뿐이다.

모든 사람에게는 그만의 독특한 역량이 있다. 이런 역량으로 남들이 볼 수 없는 것을 보고 남들이 생각해내지 못하는 것을 생각해낸다. 그

때로는 겉보기에 지극히 평범한,
아무 재능도 없어 보이는 아이들이 있다.
그런 평범함 속에서 비범한 재능을 발견하는
안목을 가진 사람이 바로 엄마다.

게 바로 창의성이다. 때로는 겉보기에 지극히 평범한, 아무 재능도 없어 보이는 아이들이 있다. 그런 평범함 속에서 비범한 재능을 발견하는 안목을 가진 사람이 바로 엄마다. 엄마는 '힘을 주는 말'로 자신감을 북돋음으로써 아이에게 잠재력을 끌어낸다. 능숙한 엄마는 말만 사용하지 않는다. 따뜻한 눈빛과 쓰다듬는 손길 등 다양한 방식으로 아이의 잠재력을 끌어낸다.

아이의 성공은 결코 학교 성적만으로 결정되지 않는다. 오히려 학교를 졸업한 이후에 발휘하는 실력이 진짜 실력이다. 그런 실력은 어린 시절 엄마가 긍정적인 암시로 끌어낸 잠재력에서 비롯된다. 이 세상에 쓸모없는 재능은 없다. 아직 발견하지 못한 가능성이 있을 뿐이다. 어떤 가능성은 잠깐의 노력으로는 금방 찾을 수 없다. 다양한 시도와 시행착오, 좌절, 고난을 거쳐서야 약간의 실마리를 건질 뿐이다.

사고는 말이라는 옷을 입고 있다. 하지만 아무리 마음속으로 되뇌어도 그것을 입으로 말할 때만큼의 힘은 없다. 큰 소리로 발산한 말은 우리들의 내면에 잠자고 있던 에너지를 깨워준다. 같은 말을 머리로 생각만 하고 있다면 그런 일은 일어나지 않는다. 입 밖으로 발설함으로써 보다 깊이 마음에 새길 수 있다. 그것은 마치 훌륭한 연설과 설교를 들으면 감동하지만 같은 내용을 책으로 읽으면 그다지 감동하지 않는 것과 마찬가지다. 목소리로 발설한 말에는 특별한 힘이 있다. 게다가 열의에

차 이야기를 한다면 말 그 이상의 의미가 전달된다. 모든 것은 말 뒤에 감춰진 사고에 있다. 말에 진정한 의미를 담는 것은 그 사람의 마음 자세이다. 엄마는 아이에게 절대적인 믿음을 가져야 하고 그 믿음은 내 아이 지금 현재가 아니라 미래를 향해 있어야 한다.

 엄마, 이렇게 생각해보세요

"아이들의 예쁜 말과 행동의 뒤에는 부모가 있다."

타고난 성향도 있겠지만 무엇보다 부부의 대화, 언어습관이 적지 않은 영향을 준다. 아이가 하는 말들을 들어보면 부부가 평소 잘하는 말이나 말투가 보인다. 아이들은 어른들의 말을 다 듣고 흡수한다.

03 공감 : 아이를 설득하며 소통하라

공감 육아, 말투와 표정이 다가 아니다

"공감은 사람을 사랑하는 방식이다."

흔히 아이에게 부드러운 말투로 감정을 읽어주는 말을 많이 하는 것을 '공감 육아'라고 생각한다. 하지만 말투나 표정은 그저 작은 부분일 뿐이다. 서로 부족하고 한계가 많은 존재임을 인정하는 마음이 공감이다. 그런 둘이서 이해하고 격려하며 함께 성숙해가려는 태도가 '공감 육아'이다.

엄마들은 흔히 아이들에게 자신과 같은 공감 능력을 기대한다. 하지만 아이들은 뭐든지 자신의 입장에서 생각한다. 그래서 어떤 것이 자기에게 유리한지 말해줄 때 더 잘 알아듣는다. 어른의 입장에서 잘못을 지적하면 '엄마가 나를 야단치는구나.'라고 생각할 뿐 자기 문제로 느끼지 못한다. 그래서 아이가 듣고 싶게 이야기해줘야 한다. 아이 입장에서 그 행동이 왜 안 좋은지, 그렇게 행동하면 왜 불리한지 말해주어야 한다.

여자아이들에 비해 남자아이들은 태생적으로 공감능력이 많이 떨어진다. 뇌 과학 분야의 어떤 학자들은 전형적인 남자 뇌의 원형을 '자폐아의 뇌'에서 찾기도 한다. 대부분의 남자 아이들이 자기가 원하는 것에만 관심을 둘 뿐 주변 사람들의 감정 같은 것에는 주의를 쏟지 않는 성향을 가지고 있다. 여자인 엄마가 여자 아이를 키우는 것보다 남자 아이를 키우는 것이 더 힘들다고 느끼는 데도 이런 요소들이 작용한다.

"엄마, 내 친구 소영이가 빨간 구두를 신었는데 너무 예쁘더라."라고 말하는 여자아이와 "엄마, 신발 사줘."라는 표현을 쓰는 남자아이의 서로 다른 표현 방식을 엄마는 충분히 공감해줄 필요가 있다.

공감의 첫 단계, 말하지 않는 감정을 읽어줘라

혼밥 시대, 은둔형 외톨이 시대 등 혼자 있는 것이 당연해진 시대이다. 하지만 사람들은 여전히 소통을 갈망한다. 사람들은 소통을 위한 도구를 끊임없이 개발해왔고 이러한 기술은 페이스북, 인스타그램 등 소셜미디어를 만들어냈다. 전철을 타면 모든 사람들이 스마트폰을 보고 있다. 친구들과 만나러 오랜만에 모임에 나가도 각자 스마트폰만 들여다본다. 사이버 세계는 물리적 한계를 극복해주고 다양한 영역에서 폭넓은 관계를 맺을 수 있게 해준다. 하지만 이럴 때일수록 얼굴과 얼굴을 맞대고 나누는 감정의 대화가 더 필요해지고 희소가치가 높아질 수 있다. 나부터도 아무리 일적으로 만나더라도 내 마음을 편하게 해주는 사람에게 더 끌리게 된다.

인간만이 가지고 있는 창의력과 사고력의 전유물이라고 여겼던 바둑 게임에서 인공지능에게 패했을 때 우리는 적지 않은 충격을 받았다. 여기저기서 들려오는 미래에 대한 불안한 예측들로 한때 술렁이기도 했다. 하지만 번역 부분에서 인간이 인공지능 위에 있다는 사실이 알려지면서 공감 능력은 기계나 로봇이 영원히 따라올 수 없는 최고의 고귀한 능력이 되었다.

공감능력을 키우는 첫 단계는 먼저 '감정'을 읽는 것이다. 남의 감정을 읽기 전에 아이 스스로가 먼저 자신의 감정을 공감할 수 있어야 한다. 내가 어떨 때 기쁘고 슬픈지, 내가 가장 좋아하는 것은 무엇이고 싫어하는 것은 무엇인지를 알아야 상대방의 감정을 읽을 수 있는 공감능력이 생기기 때문이다.

가끔 핸드폰에 저장된 사진을 보며 휴식을 취할 때가 있다. 잘 찍은 사진이 전달하는 것이 풍경이나 사람이 아니라 그것과 마주친 감정일 때가 많다. 감정이 움직여야 어떤 사람, 어떤 사물, 그리고 어떤 사건이 우리의 시선에 의미 있는 것으로 다가온다. 감정이 움직이지 않았다면 인간은 어떤 것도 관심을 기울이지 않는다. 그렇기 때문에 어떤 감정도 느끼지 못한 채 만났던 것들은 우리의 기억에 별로 남아있지 않다. 행복했거나 슬펐던 일들이 떠올려 지는 것도 감정이 움직인 것이다. 재미와 흥미가 결여된 학습이 장기 기억으로 넘어가지 못한 이유도 여기에 있다. 아이의 감정을 놓치고 밀어붙이기식 학습이나 훈육은 큰 의미가 없다. 이것은 어른도 마찬가지다.

출근 전 주차장에서 차를 주차 하다 옆에 있는 외제차를 긁었다고 가정해보자. 아침 회의시간의 상사의 말은 하나도 귀에 들어오지 않고 오로지 머릿속엔 차 생각밖에 없을 것이다. 상사가 나에게 '안색이 안 좋다. 무슨 일이 있었냐'고 물어봐주기 전까지 상사의 눈에 비치는 나는 그저 의욕이 없는 사원으로 보일 뿐이다.

공감의 두 번째 단계, 좋아하는 것에 관심을 가져라

딸아이가 사춘기를 맞았을 때 좀처럼 마음의 문을 열지 않았다. 매사에 퉁명스러운 말투 때문에 속상한 적이 많았다. 나름 고민도 해보고 이것저것 시도도 해봤지만 별 효과가 없이 포기하고 있을 때, 뜻하지 않던 곳에서 힌트를 얻었다. 어느 날 딸의 책가방에서 립스틱 여러 개를 발견했다. 욱 하는 마음에 가방을 더 뒤져보니 거기엔 갖가지 화장품들이 숨겨져 있었다. 순간 당황스러웠지만 그동안 내가 너무 무심했다는 생각이 들었다. 아는 척을 해야 하는지 그냥 모르는 척 지나가야 하는지 고민하다가 자연스럽게 말을 건넸다.

"오렌지색 립스틱 색깔 예쁘던데 어디서 산 거야? 엄마 것도 하나 사다줘."
"그런데 저렇게 싼 거 바르면 피부 다 버린다. 좀 좋은 걸로 사와."

아이의 얼굴에 화색이 돌더니 갑자기 립스틱을 어디서 팔며, 요새 유행하는 색깔이 어떻다는 등 수다를 늘어놓기 시작했다. 순간 '이렇게 말을 하고 싶었는데 그동안 어떻게 참았을까?' 하는 생각이 들었다. 아니다. 참았던 것이 아니라 엄마와 대화할 거리가 없었던 거였다.

그 이후부터 나는 이 방법을 곧잘 써먹었다. 아이에게 할 말이 있거나 요구사항이 있을 때는 곧바로 본론으로 들어가지 않고 아이가 좋아하는 가수 이야기며, 유행하는 노래 이야기로 먼저 관심을 보였다. 하지만 아이는 예리했다. 내가 정말 관심 있어 하는지 아닌지를 정확히 알고 있었다. 나는 이 방법이 오래 갈 수 없는 방법이라 생각하고 그 후로 아이가 정말 좋아하는 것이 무엇인지 관심을 갖기 시작했다. 그때부터 페이스북에 가입하고 아이가 즐겨보는 영상, 음악, 먹거리를 조용히 지켜보고 있다. 지금은 오히려 내가 더 배우는 입장이다. 워낙 빠른 감성시대라 보는 것만으로도 공부가 된다.

상대방을 잘 알수록 효과적으로 설득할 수 있다. 또 나를 돕는 사람에게 우리는 쉽게 설득 당한다. 아이의 놀이, 아이들의 문화를 잘 알아야 한다. 부모가 자신에게 흥미 있는 이야기를 아이로부터 들으려 하지 말고 아이에게 흥미 있는 이야기를 부모가 먼저 해야 한다.

어른이 된다는 것, 그것은 감정을 억누르거나 죽이는 기술을 배웠다는 것이다. 가사와 육아에 찌든 일상에서 매사에 일희일비 하는 것은 너무나 피곤한 일이다. 혹은 감정을 솔직히 표현하면 불이익을 받기 쉬운 것이 사회생활이자 가정생활이니까. 그래서 누군가 가르쳐 주지 않아도 어른이 되면서 우리는 우리 스스로 감정을 억누르거나 죽이는 기술을 얻는다.

감정을 다스리는 것도 훈련이고 공감 능력 또한 자라면서 배우고 훈련하는 것이다. 그런데 아이의 감정을 다루는 법이나 소통하는 법에 가장 큰 영향을 끼치는 부모가 감정을 억누르고 죽이면서 살고 있다. 아이들은 부모의 행동은 물론 부모의 말, 관계를 맺는 방식, 감정 표현 까지 그대로 흡수한다. 부모가 자신과의 소통에 건강하지 못하다거나 이 부분을 자녀에게 잘 가르치지 못한다면 아이들은 더욱 디지털 기기 속에만 파묻혀 관계 맺기에 어려움을 겪을 것이다.

엄마, 이렇게 생각해보세요

"나는 지구에 온 이방인의 안내자 역할을 맡았다."

부모들은 훈육할 때 좀 더 창의적이어야 한다. 교육은 기술이 아니라 예술이다. 부모들은 무에서 유를 창조하는 예술로 교육을 승화시켜야 한다. '반항'과 '싫어'의 순간을 전환시킬 수 있어야 한다.

04 자존감 :
고난을 이겨내는 힘을 길러라

자녀교육의 핵심은 지식을 넓히는 것이 아니라
자존감을 높이는 데 있다.
– 레오 톨스토이

환경을 극복하게 하는 힘, '독립심'

부모의 최고의 목적은 아이가 나 없이도 사는 것이다. 언제나 내 편이
되어 주었던 엄마와의 이별 이후 아이의 자존감은 수많은 도전 속에 놓
인다. 집단 속으로 들어가는 순간 새로운 규칙을 익혀야하고, 하기 싫은
일도 해야만 하며, 가족 밖의 친구도 사귀어야만 한다. 무엇보다 경쟁
을 해야만 한다. 이런 변화된 환경은 한마디로 자존감의 시험대와 같다.
외부 자극을 이겨내는 힘이 있느냐 없느냐는 바로 그 아이의 자존감이
결정한다.

유대인은 자녀를 '사브라'라고 부른다. 사브라는 선인장의 꽃의 열매다. 사막의 물 한 방울 없는 악조건 속에서도 어떻게든 살아남고, 살아남는 것을 넘어서 훌륭한 열매를 맺는다. 자녀도 환경에 굴복하지 말고 환경을 뛰어넘으며 살았으면 하는 바람이다. 항상 유목 생활을 하는 나그네였던 유대인들은 언제 어떻게 흩어질지 몰랐다. 그래서 부모도 의지하지 말고 어떤 상황에서든 혼자서 살아남을 수 있어야 한다고 교육한다. 유럽에서 유대인들은 한때 법에 의해 토지와 부동산을 소유할 수 없었다. 그래서 눈에 보이는 물리적인 재산이 아니라 몸 안에 저장 가능한 '지혜'와 '지식', 그리고 '생존력' 등 겉으로 보이지 않는 내적인 역량을 키워주는 교육을 할 수밖에 없었다. 유대인 자녀는 10대 초반 성인식을 치를 때 들어오는 돈을 스스로 계획적으로 운영할 수 있도록 허락받는다. 자녀의 독립심을 키워주기 위해서이다. 살아남는 능력은 독립심에서 나오는 것이고 이 독립심은 스스로 결정할 수 있는 능력을 키워주는 것부터 시작된다.

아이를 성공으로 이끄는 비밀, 자존감

한 사람의 생애에서 아이로 불리며 아이로 살아가는 시기는 매우 짧다. 그 짧은 시기 동안 한 인간의 가장 많은 것이 결정된다는 것을 우리는 때때로 잊곤 한다. 아주 작은 상처 하나가 성격을 바꿀 수도 있고 아주 작은 경험이 삶의 태도를 결정짓기도 한다. 같은 조건 속에서도 어떤

살아남는 능력은 독립심에서 나오는 것이고
이 독립심은 스스로 결정할 수 있는 능력을
키워주는 것부터 시작된다.

아이는 성공을 배우는가 하면 어떤 아이는 좌절을 배우기도 한다. 그 경계의 지점에서 내 아이는 어느 쪽을 선택하게 될까? 그때 그 선택을 하게하는 결정적인 요인은 무엇일까?

아이의 모든 것을 결정하는 단 하나의 비밀은 '자존감'이다.
자존감은 성공으로 이끄는 사고방식을 가르친다.

큰 아이에게는 내가 엄마 노릇을 어떻게 해야 하는지 몰랐다. 각종 육아서를 뒤지고 옆집에서 주워듣는 걸로 키우면 잘 키운다고 생각했다. 아이가 세상에 처음 나온 날 아이는 나에게 그동안 살면서 쌓아온 나의 모든 결핍을 모조리 해소할 수 있을 것 같다는 착각에 빠지게 했다. 공부에 대한 미련, 성공에 대한 갈망, 돈에 대한 갈증, 소심한 성격을 이 아이를 통해 다시 시작해보고 싶은 충동이 일어났다. 그렇게 자존감이 약했던 나는 아이의 의사와 상관없이 강압적이고 내 뜻대로 큰 아이를 상처내는 일이 잦았다.

한 아이의 엄마로서, 여자로서 내 자존감이 높아졌을 때 나는 그런 것들이 너무나 부끄럽고 후회스러워서 아이가 잊어줬으면 했다. 하지만 놀랍게도 아이가 기억하고 있는 내 모습은 100가지가 넘는다. 미안하다는 말로 빠르게 해결하고 싶었지만 아이는 열이 펄펄 나는데도 한 번 결석하면 습관돼서 안 된다며 유치원 차에 실어 보낸 것, 겨울철 이른 새

벽에 일어나 한 시간 동안 영어책을 읽고 나서야 학교에 갔던 일, 시험 기간 내내 윽박질렀던 소리까지 나이, 계절, 상황별로 모두 기억하고 있었다. 그 시절 나는 한 인간으로서 살아갈 목표, 꿈, 소망이 없는 오로지 아이에 인생을 거는 자존감이 낮은 엄마였다. 아이는 복제되는 것이 아니라 탄생된다는 것을 까맣게 모르고 있었다.

생후 1년, 아이 자존감을 결정하는 부모의 태도

갓 태어난 상태의 자존감은 완벽하게 차 있거나 완벽하게 비어 있는 상태가 아니다. 대단히 가변적인 상태다. 자존감은 성장하면서 주변의 중요한 사람이 어떻게 상호작용 해주느냐에 따라 차츰 형성되어간다. 아이는 부모가 자신을 어떻게 대하느냐에 따라 자신에 대한 개념을 만들어간다. 예를 들어, 엄마가 아이를 대할 때 항상 웃고 애정이 가득한 표정을 지으면 아이는 그것을 보고 마치 거울을 보듯이 자신이 누구인지 정의하게 된다. 자존감은 이런 식으로 만들어진다. 즉, 순수한 애정만으로도 충분하다. 그러나 언제나 사랑 가득한 얼굴로만 대할 수 없는 것이 아이들이다. 생후 1년이 되면 아이들의 호기심은 폭발적으로 증가한다. 닥치는 대로 열어보고 만져보고 헤쳐보려 한다. 고장내고, 부시고, 흐트려놓고. 그것이 아이들의 일이다. 그때 부모들의 고민도 함께 시작된다.

이 시기에 부모가 흔히 저지르는 바람직하지 못한 양육태도가 있다. 아이를 어떻게 발달시키겠다는 목표를 가지고 "이렇게 해야 돼!"라고 부모 의도대로 아이를 마구 몰고 가는 것이다. 강압적인 태도는 아이의 자존감 형성에 치명적이다. 아이는 늘 틀리게 되어 있는 존재인데 그걸 강압적으로 교정하려 할 때 아이는 무력감을 느낀다.

또 하나는 무조건 아이가 하는 대로 내버려두는 것이다. 이것은 강압적인 태도 못지않게 위험한 태도다. 자존감을 살려준다거나 그것이 아이의 창의성을 길러준다고 생각해 모든 것을 다 받아주는 것이다. 부모들이 자존감을 높이려고 무조건 아이의 자아상만 잔뜩 부풀리고 과장된 칭찬이나 사실과 다른 말을 하는 것은 좋지 않다.

아동기의 성공 경험이 성인의 자존감으로 연결된다

아이의 자존감은 부모가 비춰주는 대로 만들어진다. "너는 대단한 아이야!" 이런 말들은 위험하다. 대단하지 않는데 대단한 줄 알게 만들어놓으면 큰 문제가 된다. "너는 예뻐." 이런 표현도 위험하다. 자칫 자신은 예뻐야만 사랑받는 존재라고 왜곡하여 받아들일 수 있다.

그래서 그냥 이렇게 말하는 것이 좋다.

"엄마는 널 사랑해!"
"엄마는 네가 엄마 딸이라서 진짜 좋아."

자존감은 영유아기 때 상당히 고착되지만 주변 상황에 따라 끝없이 올라가고 내려가기도 한다. 아이들은 스스로를 모르기 때문에 어른이 비춰주는 대로 받아들인다. 하고 싶은 것을 최대한 많이 경험하게 해야 한다. 부모가 새로운 경험의 기회를 의식적으로, 주기적으로 제공하되 개입하지 않아야 한다. 핵심은 성공의 경험이다. 무언가를 스스로 완성할 때 느끼는 느낌, 스스로가 주도하는 과제를 성취해서 즐기는 만족감과 희열을 아이가 의미 있게 받아들인다면 자기효능감이 생기고 그것이 동기부여가 된다. 내가 선택한 것을 내가 해낼 수 있다는 자신감까지 가지게 되면 그것이 자존감의 형태로 자기 마음속에 굳건하게 자리 잡는다. 바로 그런 것의 기초가 되는 것이 초등학교 때 만들어진다고 했을 때 얼마나 초등학교 시절의 성공경험이 중요한가를 알 수 있다.

부모의 자존감이 아이의 자존감을 결정한다

마지막으로 부모가 자존감이 높으면 그 아이 역시 자존감이 높다. 자존감은 대물림된다. 아동기의 경험이 성인의 자존감으로 연결되고 그건 다시 그 자녀에게로 연결된다.

반대로 부모가 자존감이 낮으면 자녀의 문제를 전혀 고민해주거나 받아주지 못한다. 오히려 욕하거나 때리거나 윽박지르는 등 간편하게 끌고 가려고 한다. 시간을 오래 두고 고민하려 하지 않는다. 아이를 조련

하려 하면 아이의 본성은 죽어간다. 문제는 내 본성을 이해하지 않고 내 본성에 타격을 가하고 내 본성을 무시하는 부모에게 아이들은 무조건 분노한다. 절대 고마워하지 않는다. 부모가 자존감이 없으면 아이한테 생긴 사건이 해석이 안 되고, 아이보다 더 두려워하고 창피해 한다. 내가 자존감이 없는데 아이를 자존감 있게 키우는 방법 자체가 없다. 무언가 줄 수 있는 사람은 그 무언가를 충분히 가진 사람이어야 한다. 그래서 나의 자존감 나이를 봐야 한다. 아이를 감당하려면 적어도 배는 되어야 한다.

아이들의 인생은 생각보다 길다. 엄마는 아이들이 안일함과 고난 가운데 스스로 고난을 택함으로써 인생의 찬란한 가능성을 움켜쥐도록 끝없이 용기를 북돋워줘야 한다. 자신에 대한 굳은 믿음과 어떤 어려움도 극복해 나가려는 노력, 이 두 가지가 성공의 원동력이다.

엄마, 이렇게 생각해보세요

"교육은 미는 게 아니라 당기는 것이다."

아이는 엄마가 시키는 것을 한다. 엄마는 아이가 뭘 원하는지를 자꾸 만들어줘야 한다. 좋아하고 즐기는 것보다는 아이가 잘하는 것을 찾아 끌어줘라. 아이의 꿈과 진로를 이끌어가는 사람은 엄마여야 한다. 엄마는 인생을 살아봤으니까.

인정 :
자신을 스스로 사랑하게 키워라

인생에서 원하는 것을 얻기 위한 첫 번째 단계는
내가 무엇을 원하는지 결정하는 것이다.
— 벤 스타인

부모와 아이의 표현 방법이 다른 것을 인정하라

요즘 세대 아이들은 내가 중요하다. 자기의 생각과 마음에 있는 것들을 바로 바로 이야기하는 문화다. 요즘 자녀와 부모 사이의 가장 큰 갈등의 원인은 세대 차이를 극복하지 못한 문화 차이일 것이다.

아이들은 서구문화를 매스컴, TV, 인터넷, 동영상으로 접한다. 내가 제일 중요한 서구문화는 어른들이 생각하는 이상으로 아이들 생활 속에 자리 잡고 있다. 과거엔 X세대, Y세대 이렇게 불렀지만 지금은 I세대 즉, '나'가 중요해진 시대이다.

'나' 중심인 영어문화는 'My country, My mother, My house'라고 말하지만, '우리' 중심인 한국 문화는 '우리나라, 우리 엄마. 우리 집'이라는 표현을 쓴다. 우리 세대만 해도 식사 메뉴 정하기가 참 힘들다.

"어디 가실래요?"

"말씀 하세요, 저는 괜찮아요."

"저도 괜찮은데…."

 하지만 요즘 아이들에게 물으면 바로 답이 나온다. 돈을 내는 것은 부모지만 음식을 먹는 순간 이건 '내 것'이 되는 아이들이다.

아이들이 알 수 있는 방법으로 표현하라

 자기의 생각과 표현을 억누르고 참는 기성세대의 문화와 자기의 생각과 마음을 바로 표현하는 요즘 세대의 문화. 그 이면에는 학교 교육과정이 몇 번이나 개정되었고 교육 방법이 달라졌음을 알아야 한다. 웃어른의 말을 그대로 받아들인 부모들의 문화 대신 요즘 아이들은 스스로 생각하는 방법을 배운다. 요즘 학교교육 방식에서는 자기의 생각을 남에게 뚜렷하게 전달할 때 칭찬을 받는다.

'저는 이렇게 생각합니다.'

'이런 문제가 있다면 이렇게 해결하겠어요.'

'제가 주인공이라면, 저는….'

그런데 집에서 자신의 생각을 뚜렷하게 표현하면 혼이 난다.

"저는 그렇게 생각 안 해요."
"내가 엄마라면 이렇게 하겠어요."

 엄마는 가차 없이 이렇게 말한다.

"조그만 게. 시키는 대로 해."

부모와 자녀 사이의 대화는 이렇게 단절된다. 개인의 시간과 의견이 중요한 요즘 아이들은 그래서 눈치라는 것을 보지 않는다. 옛날에는 엄마의 눈에 조금만 힘이 들어가도 내가 조용해야 되는구나 생각했지만 지금은 말로 표현해야 한다. 감정 표현을 눈으로 하는 어른들과 감정을 입으로 표현하는 아이들. 그래서 사랑하는 방법도 아이들이 알 수 있는 방법으로 사랑해야 한다.

나는 자라면서 엄마로부터 사랑한다는 말보다 "밥 먹었니?"라는 말을 더 많이 듣고 자란 것 같다. 그래서 TV나 영화에서 부모가 자녀에게 사랑한다는 말을 건네는 장면을 보면 그렇게 부러울 수가 없었다. 내가 자랄 때만 해도 굶어죽는 사람은 없었다. 하지만 굶주림으로 사람이 죽었던 한국 역사를 비춰보면 "밥 먹었니?"는 참 중요한 질문이었다.

자녀가 부모에게 원하는 따뜻한 포옹과 애정 표현을 받지 못하고 자란 우리 부모 세대. 자존감, 애정 표현보다 먹고 사는 것이 중요했던 시절, 우리 부모들에게 "밥 먹었니?"는 "너를 사랑한다."는 말이었다. 그런데 나는 사랑한다는 표현을 듣지 못했으니 사랑하지 않는다고 생각했다. 나에게 "밥 먹었니?"라고 묻는 엄마에게 "응. 엄마도 드셨어요?"라고 대답했어야 했다. "너를 사랑해.", "저도 사랑해요."라는 대화가 될 수 있었다.

아이는 사랑의 표현을 부모로부터 배운다

안타깝게도 지금 성년이 된 대다수는 부모에게 그런 말을 듣고 자라지 못했다. "너는 소중한 사람이야."라는 말을 듣기는커녕 잘못했다고 혼나거나 심지어 발가벗겨져 문밖으로 쫓겨났던 경험이 더 많을 것이다. 그렇게 직접 지적하거나 창피함을 유발해 복종하도록 하는 육아법이 일반적이었던 시절이었다. 부모도 자기가 느껴보지 못하고 모델링도 보지 못했기 때문에 가끔씩은 젊은 세대가 부모에게 먼저 사랑 표현을 해야 한다.

먹고 사는 것이 걱정 없는 시대, 여유가 생겼다. 아이는 남을 사랑하는 방법도, 자신을 사랑하는 방법도 부모에게서 배운다. 내가 만약 아이의 거울이라면 내가 비춰지는 모습이 그 아이가 된다. 부모가 긍정적 언어 표현으로 행복한 표정을 비춰줄 때 아이들은 사랑과 행복감을 느끼고 자존감이 높아진다.

아이들은 자기 자신에 대해 알 수 있는 것이 한 가지밖에 없다. 반사되어서 비춰지는 모습이다. 내가 아무리 괜찮은 사람이라고 생각해도 계속 반사되어 들려오는 것이 '넌 어쩌면 그렇게 누나랑 다르니?', '형 하는 것의 반만 따라해봐라!'라는 메시지라면 자신에 대한 부정적인 이미지로 낮은 자존감을 형성한다. 아이들은 모두 다 사랑을 받고 싶어 한다. 어딘가에 속하고 싶고, 부모에게 스스로 중요한 사람이라고 느끼고 싶어 한다. '네가 이렇게 하면 내가 이렇게 해줄게.'가 아니라 나를 있는 그대로 받아주기를 원한다. 나의 진가를 인정받고 싶어 한다. '화병'이 왜 생기는가? 나의 진가를 몰라주기 때문이다.

자신을 사랑하는 아이는 넘어져도 결국 일어난다

자신을 사랑하는 힘을 가진 사람과 그렇지 못한 사람이 있다. 첫째, 환경과 부모의 뒷받침이 좋지만 실패를 하면 재기하지 못하는 유형이다. 둘째, 부모의 뒷받침이 없는 환경에서도 어려움이 닥쳤을 때 극복하는 유형이다. 누가 자신을 사랑하는 힘을 가진 사람이겠는가?

자신을 사랑하는 힘을 가진 아이는 외부의 확인과 칭찬 없이 스스로 자신을 존중하고 사랑한다. 이런 아이들은 넘어져도 바로 일어난다. 어떠한 상황에서도 만족하고 불평이 많지 않다. 자신의 외모에도 만족한다. 반면 자신을 사랑하는 힘이 약한 아이는 늘 외부의 칭찬과 확인이 필요하다. 어려움에 쉽게 넘어지고 계속 남을 탓하게 된다.

어떤 장치가 귀에 꽂혀 속삭이듯 "너는 못났어. 너는 남들보다 무능해."라고 세뇌한다면 어떻게 될까? 자신을 미워한다는 것은 그런 것이다. 남에게 비난을 들으면 도망이라도 칠 수 있는데 자신을 미워하면 그게 안 된다. 종일 잔소리를 듣게 되고 그 경험이 쌓인다.

아이의 자존감은 부모의 시선과 표정이 만든다

성장 소설에는 어김없이 사랑 이야기가 등장한다. 성장은 자존감을 획득하는 과정이고, 자존감을 갖추면 사랑부터 찾기 때문이다. 반대로 자존감이 무너지면 사랑에 대한 능력부터 의심하게 된다. 사랑은 감정이다. 원한다고 억지로 생기지 않는다. 자신을 진심으로 사랑하지도 않으면서 "나는 사랑스러워!"라고 아무리 외친들 사랑이 갑자기 솟아날리 없다. 그래서 남이 생각하는 나의 모습은 정말 중요하다. 백지 상태로 태어나지만 관계 속에서 세워지는 자녀의 자존감을 만드는 것은 부모의 역할이 크다. 그래서 우리는 부모는 아이의 거울이라는 무서운 표현을 쓰는 것일지도 모른다.

아이 키우면서 육체적으로 정신적으로 늘 피곤한 상태에서 웃는 얼굴을 유지한다는 것은 어려운 일이다. 하지만 아이들은 인상을 쓰며 힘들어하는 표정으로 자신을 바라보는 부모를 '너 때문에 행복하지 않아', '너 때문에 피곤해'로 해석하고 자신은 남에게 행복을 가져다주지 않고 외면당한다고 생각한다.

세대 차이와 문화차이를 깨는 방법은 인정과 칭찬이다. 인정과 칭찬의 사랑은 부드러운 쿠션과 같아서 부모의 강한 훈육에도 다치지 않는다. 아이가 당연히 해야 할 작은 일에도 "고마워."라고 말해준다면 아이는 자기가 도움이 된다는 느낌에 엄마를 도우려는 행동도 늘어난다. 아이를 믿는 나의 진심을 전달하는 것. 이것이 자존감을 키우는 양분이다. 인정과 칭찬의 관계없이 자녀를 계속 압박하면 아이는 아무것도 깔려있지 않은 밑바닥에 바로 넘어지게 된다. 아이에게 평생 가는 상처가 된다. 부모의 파워는 이런 곳에 있다.

"나는 네가 잘 해낼 걸 믿는다."

나중에 우리가 없어도 평생 이 음성이 귓가에 들리게 하는 것이 부모의 힘이다. 이것이 목표가 되어야 한다. '자신을 사랑스러운 존재로 인식하기'는 사랑을 지속하는 데 꼭 필요한 기초 공사다.

엄마, 이렇게 생각해보세요

"가장 위대한 사람은 내 안에 있다."

"자신감이 부족한 아이, 칭찬을 많이 해주면 될까요?"라는 질문
을 받는다. 자존감은 열악한 환경에서도, 그 반대의 환경에서도 변
하지 않는 힘이다. 자신감이 부족한 아이에게 칭찬을 무조건 많이
한다고 해서 좋은 것은 아니다. 칭찬도 세심하게 해줘야 한다. 또
한 그 칭찬 안에는 아이 그대로 인정하는 진실된 사랑이 함께 존재
해야 한다.

음식을 먹으면 육체가 강해지듯
마음 양식의 유일한 방법은 독서다.
독서가 위대한 이유는 생각을 바꾸기 때문이다.

06 독서 : 마음의 양식과 사고력을 선물하라

> 독서는 정신적으로 충실한 사람을 만든다.
> 사색은 사려 깊은 사람을 만든다.
> 그리고 논술은 확실한 사람을 만든다.
> – 벤자민 프랭클린

마음 양식을 쌓는 유일한 방법, '독서'

사람이면 누구나 성공하고 싶고 행복하기를 원한다. 아이들도 예외는 아니다. 하지만 이 두 가지를 동시에 이룬 사람을 만나기는 어렵다. 이유는 마음의 힘이 부족하기 때문이다.

마음의 힘을 강하게 하는 것은 독서밖에 없다. 음식을 먹으면 육체가 강해지듯 마음 양식의 유일한 방법은 독서다. 독서가 위대한 이유는 생각을 바꾸기 때문이다. 마음의 힘을 강하게 하려면 내 생각을 강하게 해야 되고 생각을 바꿔야 한다. 부정적인 생각을 긍정적으로, 보통 생각을 위대한 생각으로 바꿀 수 있는 사람. 할 수 없다고 생각하는 사람이 나는 무엇이든지 할 수 있다고 생각하는 사람, 꿈이 없이 살던 사람이 꿈을 꾸고 꿈을 이루기 위해 열심히 살아야겠다고 생각을 바꿔야 최고의 삶을 살 수 있다.

독서의 힘이 위대하다는 것은 누구나 알고 있지만 그것을 피부로 느끼며 살고 있는 사람들은 그리 많지 않다. 어른이 되어서도 책을 읽는 사람들은 절대적으로 소수이기 때문이다.

문제는 과거에는 책을 읽지 않는 사람은 스스로 무지하다는 것을 알고 있었지만, 오늘날에는 책을 읽지 않아도 스스로 무지하다는 것을 알지 못한다는 점에 있다. 미디어에 의해 책을 읽지 않아도 사람들의 의식 세계는 빈 채로 남아있지 않고 채워진다. 과거에는 대부분의 사람들이 책을 읽지 못했지만 지배 세력이 요구한 내용으로 채우지도 않았다. 하지만 지금 사회에서는 스스로 책을 읽지 않을 때, 필연적으로 지배 세력이 요구한 것만으로 채우게 된다. 사람이 변하고 성장할 수 있는 독서를 하지 않았을 때 가장 무서운 것은 10년 전 같은 오늘을 사는 것이고, 오늘 같은 10년 후를 사는 것이다.

독서는 엄마 품에서 엄마 목소리로 시작하라

엄마들은 거실에 책만 쫙 꽂아 놓으면 나는 멋진 엄마라고 생각한다. 왠지 뿌듯함과 마음의 위로를 받는다. 하지만 아이는 책을 보지 않는다. 대부분 이런 집들은 책만 있을 뿐 엄마와 책을 즐기는 과정이 빠져있다.

들고 보고 느끼고 상상하는 과정 없이 바로 학습독서로 들어간 것이다. 결국 즐길 수 없으니 오래 할 수 없고 오래 할 수 없는 독서는 또 하나의 학습이 되어버린다.

독서는 사랑하는 엄마의 품이나 무릎에 안겨 있는 상태에서 시작해야 한다. 엄마의 품에서 보호받고 사랑받으면서 읽어주는 책을 듣는 것은 아이들에게 독서는 사랑과 연관되어 있는 아름다움이라는 것을 가르쳐 준다. 그것이 첫 단계다.

혼자 읽는 것과 읽어주는 것은 무슨 차이가 있을까? 소리 내어 책 읽어주기는 아이들이 책에 흥미를 갖고 언어나 어휘를 배울 수 있는 기회를 준다. 사랑이 담긴 엄마의 목소리는 단어들이 아이들의 귀 속에 살아 있게 만든다. 아이들이 책에 적힌 단어를 말로 표현 하는 것은 어려운 과정이다. 또한 말로 표현된 것을 책에 적힌 단어로 연결시키는 것 역시 어렵다. 아이로 하여금 책의 언어와 말하기의 언어가 하나임을 알게 하는 것은 정말 중요하다.

공부 잘하게 하려면 사고력 훈련을 시켜라

가끔 사람들이 나에게 묻는다.

"우리 아이 머리를 좋아지게 하려면(공부 잘하게 하려면) 어떻게 해야 하나요?"

나는 말한다.

"사고력 훈련을 시키세요."

사고력이란 생각할 수 있는 능력이다. 생각의 깊이는 눈에 보이지 않는다. 때문에 아이들의 생각의 깊이를 볼 수는 없다. 그러나 생각의 깊이가 있는 아이들은 말할 때나 사물을 볼 때, 다른 사람의 말을 들을 때, 글을 쓸 때, 모두에서 뚜렷이 나타난다. 우리가 살아가는 데 혹은 학습을 할 때 필요한 사고력 5가지를 종합적 사고력이라고 한다. 보는 사고력, 듣는 사고력, 말하는 사고력, 읽는 사고력, 쓰는 사고력을 말한다. 이 다섯 가지의 사고력 훈련이 잘 된 아이는 성적이 뛰어날 것이며 좋은 인간관계를 형성할 수 있다. 좀 더 구체적으로 설명하자면 생각의 깊이가 없는 아이들은 무엇이든 건성으로 한다. 아무런 생각 없이 말하고 행동한다. 독서는 사고력 향상에 필수 사항이다.

아이에게는 무엇보다 호기심을 그때그때 채워줄 수 있는 내 소유의 개념이 들어있는 환경이 필요하다. 유아시기의 아이가 도서관을 이용하는 것은 그다지 효과적이지 않다. 이 시기 아이가 책을 통해 인지하고 지식을 습득하는 것보다 더 중요한 것은 책을 즐길 줄 아는 능력이다. 아이가 엄마에게서 떨어지지 않으려는 애착본능처럼, 평생 습관으로 자리잡아야 할 책과의 애착은 너무나 중요하다. 그래서 엄마처럼 늘 곁에 두고 느껴야 한다.

책을 읽어도 변하지 않는 아이들의 3가지 독서법

요즘 아이들의 독서량은 상당히 많은 편이다. 그런데 정말 100권을 읽어도 전혀 변하지 않는 아이들이 있다. 세 부류로 나눌 수 있다.

첫 번째는 흥미 위주로 쓰인 소설책 위주의 독서를 하는 경우다. 이 것은 성인도 마찬가지다. 부모들은 보통 논술 대비용으로 책을 사준다. 대부분 인간관계에 대한 어둡고 우울한 내용들이 많다. 긍정적인 생각 보다는 부정적인 생각을 많이 하게 한다.

두 번째는 그림이 책의 80% 이상을 차지하는 경우다. 그림이 글을 압 도하고 있다. 학습 만화책이 그렇다. 아이들이 정작 중요한 말 주머니 내용을 제대로 기억하지 못한다는 점이 문제다.

마지막으로 대충 읽는 습관이 몸에 밴 경우다. 책에 있는 내용을 머릿 속에 담는 걸 목표로 하는 독서가 아니라, 책장을 넘기는 것을 목표로 독서를 하는 아이들이다. 독서는 사람이 변하고 성장할 수 있을 때 그 의미가 크다. 매일 변하고 성장할 수 있는 좋은 생각들을 내 두뇌에 넣 는다고 생각해보자. 마음의 성장은 눈에 보이지 않기 때문에 눈에 보이 는 육체를 성장시키는 먹거리보다 더 정성을 들여야 한다.

독서에 대한 엄마의 궁금증 2가지

첫째, 엄마가 잔소리하지 않아도 스스로 책을 읽게 하는 방법이 있다면 무엇일까?

독서문화가 정착되어 있는 핀란드에서 그 해법을 찾아본다. 핀란드의 유치원에서 읽기시간은 한 시간도 없다. 대신 특별한 수업 시간이 있었다. 두세 명씩 팀을 짜서 책을 읽어주는 것이다. 매일 15분씩 선생님은 하루도 빠지지 않고 책을 읽어준다고 한다. 이 아이들은 아직 읽고 쓰는 것을 모른다. 그냥 듣기만 할 뿐이다. 7세부터 글을 읽고 쓰기 시작한다. 그전까지는 언어에 대한 상상력을 키워줄 뿐이다.

핀란드 아이들은 이렇게 어릴 때부터 귀로 책을 읽으며 자란다. 실제로 어렸을 때 책을 많이 읽어준 아이들은 초등학교 때 읽기와 쓰기 등의 능력이 빠르게 향상된다고 조사됐다. 특히 책을 많이 읽어준 아이들은 책 내용에 더 큰 관심을 보이고, 다음 이야기를 더 알고 싶어 하고, 이야기에 더 참여하며 질문하는 능력들이 2~3배 정도 앞서는 것으로 나타난다.

둘째, 읽어줄 때와 혼자 읽을 때는 어떤 차이가 날까?

똑같은 책에 실험시간도 10분을 똑같이 주고 실험했을 때, 혼자 읽는 아이의 뇌에서는 미세한 전기신호 즉, 뇌파가 발생했다. 엄마가 읽어줄 때도 뇌파는 끊임없이 발생했다. 한 가지 다른 점이 있다면 혼자 읽은 아이들과 달리 엄마가 읽어준 아이들은 알파파라는 뇌파의 비율이 평상시보다 40% 정도 증가했다는 것이다. 알파파는 마음의 안정이나 평한 상태 혹은 명상시간에 늘어난다.

책을 읽어주면 말하는 사람의 감정이 전달된다. 그런데 사람의 인지과정에는 감정이라는 과정이 아주 중요한 역할을 한다. 감정이 느껴지면 그 내용의 파악이나 연쇄적으로 일어나는 인지과정들이 아주 강력해진다. 읽어주기가 유아기에만 효과적인 것은 아니다. 글을 깨우친 아이들이라도 책의 내용을 충분히 이해할 때까지는 책을 읽어주어야 한다. 읽기 수준과 듣기 수준은 13세 정도가 되어야 같아진다. 그 전까지는 읽기 수준보다 듣기 수준이 더 높다.

함께하는 독서로 아이의 운명을 바꿔라

운명을 바꾸려면 가장 먼저 해야 할 것은 생각의 변화다. 그래서 내 생각 주머니에 좋은 생각을 집어넣어야 한다. 무엇으로 좋은 생각을 집어넣을 것인가?

바로 독서다.

물론 책 한 권을 읽었다고 해서 내 생각이 갑자기 바뀌는 것은 아니다. 그러나 한 권이 10권이 되고 10권이 20권, 30권… 쌓여가면 내 생각이 바뀐다. 그 생각은 성공할 수밖에 없는 생각이 되고 긍정적인 생각이 따르고, 행복할 수밖에 없는 생각만 하게 되면 그 사람의 인생이 바뀔 수밖에 없다.

 엄마, 이렇게 생각해보세요

"체계적인 언어학습이 필요하다."

초등 고학년이 되면 수학에서도 언어적인 역량이 필요하다. 중학교 때는 긴 글이 등장해 독해력 문제가 발생하며, 고등학교 때는 시험범위가 없는 독해, 작문이 등장한다. 우리가 사고력이라고 하는 부분의 일부는 수학적 사고력이고, 그보다 훨씬 많은 부분이 언어적 사고력이다.

07 배움 : 시련과 평가에 무너지지 않게 하라

> 도중에 포기하지 마라. 최후의 성공을 거둘 때까지 믿고 나가라.
>
> – 데일 카네기

만족감을 뒤로 미루고 다시 일어나게 하는 힘, '동기!'

아이들은 실패 속에서 자라난다. 도미노 게임처럼 성장과정은 실패와 도전으로 가득 차 있다. 어떤 아이들은 실패를 경험한 후 노력하기를 포기하고 주저앉는다. 실패는 어른에게도 힘든 일이지만 아이들은 경험이 많지 않아 한 번의 실패를 자신에 대한 전체적인 평가로 연결하곤 한다. 실패하는 것이 두려워 시도조차 안 하려 드는 아이들도 있다. 이런 아이를 보고 있는 부모의 입장에서는 화가 날 수도 있겠지만, 이때 부모의 화는 아이를 더 불안하게 만들 뿐이다. 하지만 어떤 아이들은 실패에 굴하지 않고 계속 노력한다. 오히려 실패를 맛본 후 더 열심히 그 일에 매달리는 경우도 있다. 충동을 자제하고 만족감을 뒤로 미루는 일은 아이의 장래에 큰 영향을 끼친다. 살면서 만나게 될 수 없는 도전과 실패의 순간을 오뚜기처럼 다시 일어나게 만드는 힘, 바로 '동기'의 원천이 되기 때문이다.

　만족을 늦추는 능력이 큰 아이들과 작은 아이들의 차이점은 무엇일까? 지금까지 아이들을 대상으로 만족지연 능력을 알아보는 여러가지 실험들이 있었다. 대부분 아이들에게 사탕을 주고 일정시간을 기다리면 더 많은 사탕을 먹을 수 있다는 조건을 제시하고 아이들의 반응을 살펴보는 실험이다. 여기에서 기다리지 못하고 사탕을 금방 먹어버린 아이들의 경우 한 가지 큰 차이점은 사탕에서 눈을 떼지 못한다는 것이다.

　아이가 보상물에만 집중해 바라본다는 것은 오래 기다리지 못한다는 것을 의미한다. 왜냐하면 또 다시 더 큰 좌절을 겪어야 하기 때문이다. 오래 기다린 아이들은 보상물을 쳐다보지 않았다. 그들은 기다리는 동안 혼자서 게임을 하고, 노래를 부르거나 방을 둘러보는 등 보상물을 쳐다보는 것을 제외한 다양한 행동을 보였다.

부모와의 신뢰관계가 만족지연 능력을 만든다

　아이들마다 다르게 나타나는 만족지연 능력을 우리가 생각하는 것보다 일찍 형성된다. 생후 6개월쯤 아이의 우는 표정을 보려고 아이와 있는 시간에 아이와 장난하면서 잘 놀아주다가 일부러 굳은 표정으로 아이를 바라본 적이 있을 것이다.

이때 아이의 반응은 아기마다 다르다. 대부분 아기들은 어쩔 줄 모르며 당황하다가 울음을 터트린다. 안아달라고 조르거나 손을 뻗으며 칭얼거리는 등 자신이 통제할 수 없는 이 상황을 엄마가 해결해주기를 바라는 요구를 한다. 하지만 아기들 가운데는 나름대로 싸늘해진 분위기를 바꿔보려고 먼저 웃음을 보이는 아이도 있다. 그래도 엄마의 표정이 풀어지지 않으면 다른 데로 시선을 돌리거나 외면하면서 버티기도 한다. 불안을 달래고 극복하기 위해 스스로 노력하는 것이다.

전문가들은 아이들마다 이렇게 만족을 지연하는 능력의 차이가 나는 중요한 요인이 선천적인 기질 차이 못지 않게 바로 부모와의 관계라고 말한다. 오래 기다린 아이들에게서 나타난 공통적인 요인은 부모와 따뜻하고 신뢰 있는 애착관계를 형성한 아이들이었다.

부모와의 신뢰 관계는 아이들이 자신의 감정을 통제하거나 만족을 지연시키는 일에 큰 영향을 준다. 약속을 하고 그 약속을 지키지 않는 경우가 반복될 때, 아이는 만족을 지연시킬 이유를 찾지 못한다. 어려서 형성되는 이런 능력들이 인생의 방향을 바꿀 수도 있다. 참고 기다리면 더 큰 이익을 얻을 수 있다는 믿음은 아이들의 행동을 신중하고 여유 있게 만들어준다. 그런 행동은 중요한 목표를 성취하는 데 있어서 스스로에게 더 좋은 기회를 준다.

쉽게 포기하는가, 도전하는가? – 평가목표와 학습목표

학교와 같은 성취와 관련된 상황에서 아이들은 서로 다른 두 가지 형태의 목표를 갖는다.

첫째, 자신의 능력을 증명해보이고, 얼마나 똑똑한지를 나타내고자 하는 '평가'를 목표로 삼는 것. 둘째, 새로운 것을 배우고 싶어 하고, 도전을 통해서 완전히 익히려는 '학습'을 목표로 삼는 것이다.

이 두 개의 상반된 가치가 구체적으로 아이의 행동에 어떤 영향을 주는지에 관한 실험이 있다. 6세 유치원 아이들을 대상으로 3개의 퍼즐을 맞추게 했다. 처음 퍼즐은 6세라면 누구나 맞출 수 있는 간단한 것이었다. 두 번째 퍼즐은 서로 다른 두 개의 퍼즐을 섞은 후 아이에게 맞추게 했다. 짝이 안 맞으므로 이것은 절대 맞출 수 없는 퍼즐이다. 아이에게 의도적으로 실패 상황을 만들어준 것이다. 한 번 더 기회를 준다면 어떤 퍼즐을 하겠느냐고 물었다. 대부분의 아이들은 쉬운 첫 번째 퍼즐을 선택한다. 맞추지 못한 퍼즐은 더 어려워서 하고 싶지 않다는 대답이었다. 어려운 문제 앞에서 쉽게 포기하는 것이 평가목표를 가진 아이들에게 나타난 가장 큰 특징이었다.

반대로 미처 맞추지 못한 퍼즐을 선택한 아이들의 대답은 한결같이, 어렵기는 하지만 이미 맞춘 쉬운 것보다는 더 재미있다는 것이었다. 학습목표를 가진 아이들의 특징이었다. 학습목표를 가진 아이들은 배우는 것에 초점을 두기 때문에 쉬운 문제를 선택하지 않는다. 이런 아이는 실수하고 실패를 할지라도 어려운 문제를 통해서 새로운 원리를 터득하고 새로운 문제해결 방식을 배울 수 있는 그런 문제를 선택한다. 그러나 자신이 얼마나 퍼즐을 잘하는지 보여주려고 하는 평가목표를 가지고 있는 아이들은 어려운 문제를 선택하지 않았다. 이 아이들의 특징 중 하나는 실패 상황에서 눈에 띄게 자신감이 없어진다는 것이다.

학습목표를 가지면 실패 상황에서도 낙관적이고 자신감 있는 태도를 유지할 수 있다.

"나는 아직 배우고, 발전하는 중이니까 괜찮아."

용기를 잃지 않는다. 반면, 평가목표를 가진 아이들은 낙관적인 태도와 자신감을 상실한다.

"실패는 내가 능력이 없다는 걸 증명하는 거야."

실패의 원인을 어디에 돌리는가? – 능력과 노력

실패의 원인을 어디다 돌리느냐에 따라서 차후 행동이 크게 달라진다. 실패했을 때 노력에 원인을 두는 아이는 '내가 왜 더 노력을 하지 않았을까?' 감정적인 후회를 하고 다음에 더 노력하겠다는 생각을 한다. 하지만 능력에서 원인을 찾는 아이는 어차피 안 되니까 노력할 필요가 없다고 생각한다. 이렇게 어려운 상황이 닥쳤을 때 평가목표를 가진 아이들은 동기를 완전히 잃어버린다. 이 아이들이 실패를 받아들이기 더 힘든 이유는 실패는 자기 자신과 자기의 능력에 대해 중요한 것을 말해준다고 생각하기 때문이다. 즉 실패를 "너는 능력이 없어."라는 의미로 받아들이기 때문에 좌절한다.

평가보다는 배움 자체의 가치를 알려줘라

많은 아이들이 어릴 때는 뛰어났다가, 공부가 어려워진다든가 하는 이유로 학년이 올라가는 중요한 전환점에서 하강곡선을 그린다. 사실 도전하는 환경에서는 누구나 쉽고 안전하게 가려고 한다. 누구나 좋은 점수를 받기를 원하고 남 앞에서 똑똑해 보이기를 원한다. 평가목표는 아이들에게 학습의 즐거움을 빼앗고, 아이 스스로 능력을 발전시킬 수 있는 기회를 포기하게 만든다. 대부분의 부모들은 아이들에게 학교에서 무엇을 배웠는지보다 몇 점을 받았는지, 몇 등을 했는지를 묻는다. 사회에 나와서 받게 될 것들을 아이들이 학교나 부모로부터 미리 받는 셈이다. 어제보다 오늘은 무엇이 나아졌는지, 전에 모르던 것을 알게 될 때까지 어떤 노력을 했는지, 노력을 통해 어떻게 능력을 발전시켰는지에 대해 이야기를 나누는 교육과 육아가 절실하게 필요하다.

아이들이 어느 정도 평가목표를 갖는 것은 당연한 일이다. 하지만 모든 일을 항상 잘할 수만은 없는 일이다. 살면서 수없이 맞닥뜨릴 실패와 좌절 속에서 위기를 딛고 일어서게 만드는 힘은 새로운 것을 배우고 싶어 하고 도전을 통해서 완전히 익히려는 목표를 갖는 것이다. 아이가 사회에서 필요한 사람이 되기를 원한다면, 아이가 실패와 좌절 앞에서 무릎 꿇기 원하지 않는다면 무엇보다 아이가 진심으로 행복하게 살기를 바란다면 줄 것이 있다.

바로 아이의 마음속에 배움의 가치를 새겨주는 일이다. 부모나 교사가 평가보다는 배움을 가치 있게 여기고 그 사실을 아이들에게 보여주는 것. 일상생활에서 이야기할 때 노력과 도전의 의미를 되새기고 칭찬해주는 것. 부모가 줄 수 있는 가장 큰 선물이다.

 엄마, 이렇게 생각해보세요

"국어 공부도 체계적으로 할 필요가 있다."

수학이나 영어는 레벨화가 된 책이 많아 교과서가 아니라도 참고서를 통해서 실력 쌓기에 효과적이다. 불행히도 우리나라에는 국어레벨이 체계화된 책은 교과서뿐이다. 다독, 토론, 논술이 국어공부의 우선이아니라, 교과서 공부와 연계된 독서 훈련이 국어공부의 지름길이다.

PART 4

내 아이와
함께 자라는 엄마의
7가지 고민

01 떨어지지 않으려고 해요 - 나르시스트 엄마

아이들이 무엇을 할 수 있는지 확인해보고 싶다면
주는 것을 멈추어보면 된다.
– 노먼 더글라스

아기는 당연히 의존적일 수밖에 없다

아침 시간이면 직업상 소리에 예민해진다. 이른 시간에 울리는 전화 벨 소리, 카톡 알림소리는 대부분 '아이가 아파요.', '아이가 떼를 써서 출근이 늦어요.' 등 이른 아침부터 아이와 치르는 전쟁으로 하루를 시작도 하기 전에 모든 에너지가 고갈되어버린 엄마들의 목소리다. 그중에서 가장 곤혹스러운 것 중의 하나가 바로 엄마와 떨어지지 않으려는 아이다.

아직 직업 마인드를 스스로 구축하지 못하고, 떨어지지 않으려는 아이에 대한 마음의 이해가 충분하지 못할 때 여자들은 또 한 번 좌절을 겪는다.

'그래, 내가 벌면 얼마나 번다고….'

직업을 돈으로 계산해버리기도 한다. 결국 일도 아이의 분리불안에 대한 이해도 정면대결하지 못한 채 '이불 밖은 위험해!'라며 또 다시 편안하고 익숙한 삶을 선택하고 싶어진다.

아기들은 모두 의존적이다. 엄마에게 기대지 않고는 살아갈 수가 없다. 신생아는 걸어가기는커녕 목을 가누지도 못해서 젖을 입에 물려줘야만 살아갈 수 있다. 아기는 스스로 잠들기도 어렵다. 부모가 토닥거리고 자장가를 불러줘야 잠에 든다. 아기는 엄마를 갈망하고, 엄마와 떨어지면 불안을 느낀다.

아기가 부모를 필요로 하는 이유는 단지 먹여주고 씻어주고 배설물을 치워주기 때문만은 아니다. 시간이 조금 지나면 아기에게도 희로애락의 감정이 생기는데, 이마저도 혼자 다루지를 못한다. 보채고 우는 아기는 어른이 달래주어야 한다.

의존이 아니라 무엇에 어떻게 의존하느냐가 중요하다

어른이 되어서도 이 의존성의 흔적이 남아 있다. 청소년기 이후 남녀가 끊임없이 서로를 갈구하는 것이 그 예다. 혼자 있기보다는 둘이 있으려고 하고, 속내를 털어놓기를 바란다. 사랑과 애착은 신생아 시절부터 지녀온 의존성을 대표적으로 보여준다.

어른도 의존을 한다. 엄마에게 의존하던 습관이 그대로 남아있는 미숙한 경우도 있다. 그러나 대부분은 친구나 연인 또는 배우자에게 의존하거나 존경하는 사람에게 의지한다. 신앙을 지닌 사람들은 신에게 의지한다. 한편 어떤 이들은 약물이나 알코올 같은 물질에 의존해 문제가 되기도 한다. 어찌 보면 인생은 무엇에 의해 어떻게 의지하느냐에 따라 성패가 나뉘는 것 같다. 세상에는 미성숙하거나 무조건적으로 의존하는 사람이 있는가 하면, 세련되고 고차원적인 방식으로 의존하는 사람도 있기 때문이다.

분리 불안은 엄마의 불안에서 온다

아이들은 생후 6~7개월이 되면 엄마를 알아보고 엄마에게서 심리적인 안정을 찾으려고 한다. 그래서 다른 것을 탐험하다가도 곧바로 엄마를 다시 찾는다. 이렇게 엄마와 떨어지는 것에 불안을 느껴 잠시도 떨어지지 않으려고 하는 것을 '분리불안'이라고 하는데, 분리불안은 생후 7~8개월경에 시작해 14~15개월에 가장 강해지고 3세까지 지속된다.

분리불안이 심할 때는 화장실에만 가도 울어서 아이와 함께 화장실에 들어가거나 문을 열어놓아야 하는 경우도 있다. 맞벌이 엄마의 경우 아침마다 아이와 떨어지는 전쟁을 치르는 것도 못할 노릇이다. 이럴 때 엄마는 힘도 들고 짜증이 나서 아이에게 화를 내거나 강제로 떼어놓게 되는데, 이런 방법은 아무런 효과가 없다. 불안하게 애착이 형성되어 있거나 엄마가 불안해서 아이를 떼어놓지 못하는 경우 만 3세가 넘어서도 낯가림을 하게 된다.

부모와 떨어져 있는 것에 심하게 불안을 느끼는 아이들은 엄마와 잠시도 떨어지지 않으려고 한다. 엄마가 쓰레기를 버리러 집을 나갈 때도 따라다니고, 유치원에 가는 아침이면 매일 전쟁을 치르기 일쑤다. 심한 경우 유치원이나 학교에 가는 것을 거부하기도 한다.

이 아이들에게 물어보면 엄마와 떨어졌을 때 자신에게 안 좋은 일이 생길까봐 불안해하지는 않는다. 오히려 엄마에게 안 좋은 일이 생길 것만 같다며 불안해한다. 부모가 듣기에는 뜬금없게 느껴지기도 하지만, 아이가 무의식 수준에서 불안을 다루는 한 방법이다. 실제로는 자신에게 나쁜 일이 생길 것 같아 불안한 것인데, 그런 상상은 견디기 어려우니 부모에게 뭔가 안 좋은 일이 생길 것 같다고 방향을 돌려놓는 것이다. 그렇게 불안을 돌려놓으면 조금은 견디기 쉬워지기 때문이다.

일반적인 분리불안은 교육기관에 보내고 한두 달이면 없어진다. 그런데 생각보다 오래가는 경우도 있고 심지어 초등학교 때까지 이어지는 아이도 있다. 기질적으로 불안을 많이 느끼는 아이일 수도 있고 성장과정에서 불안을 다루는 능력이 자라지 않아서 그럴 수도 있다. 예를 들어 만 3세 이전에 엄마와 안정감 있는 애착관계를 형성하지 못한 경우 아이는 불안을 많이 느낀다. 영아기에 입원치료와 같은 트라우마 상황을 겪는 경우에도 불안이 높을 수 있다. 불안한 아이들은 부모와 떨어지길 싫어하고 어둡거나 무서운 환경도 굉장히 싫어한다. 새로운 것, 낯선 것을 극도로 경계하고 음식을 먹을 때조차도 익숙한 음식만 고집한다.

불안을 알아주고 아이와의 약속은 반드시 지켜라

유치원에 갈 때는 힘들어 하지만 가서는 잘 지내는 아이라면 크게 문제되지 않는다. 어린 아이들에게는 정해진 시간에 일어나 식사하고 가방을 매고 유치원 버스를 타는 일이 부담스럽게 느껴질 수도 있다. 아침마다 유치원 안 가겠다고 떼를 쓰지만 막상 엄마와 떨어져서는 너무나 잘 노는 아이들이 이런 경우다. 등하교는 제시간에 맞춰 하는 것이 바람직하지만 너무 강요하면 부담이 될 수 있다. 기본적으로 일찍 자고 일찍 일어나는 습관을 들이는 것이 좋다. 유치원을 선택할 때는 너무 멀지 않은 곳을 선택하는 지혜도 필요하다.

가끔 둘째를 낳자마자 큰아이를 어린이집에 보내는 부모를 보게 된다. 이 경우도 아이가 불안을 느낄 수 있다. 아이 입장에서 보면 자기를 어린이집에 보내놓고 엄마는 동생이랑 뭘 하려고 하나 싶을 것이다. 동생

출산 이후 큰 아이들이 퇴행적인 행동을 보이는 경우도 이런 심리에서 비롯된다. 동생 때문에 큰 아이를 어린이집에 보내야 한다면 출산 후가 아닌 출산 전에 보내기 시작해야 한다. 중요한 것은 약속을 정확히 지키는 것이다. 부모가 항상 약속을 지키는 것을 경험해야 아이의 불안이 누그러진다. 경험을 통한 확인만이 아이를 안심시킬 수 있다. 그런데 부모들은 속상하고 답답한 마음에 아이에게 타박한다.

'왜 자꾸 똑같은 소리를 해?'
'넌 왜 맨날 울기만 하니.'

그러다 보면 아이는 부모가 자신을 좋아하지 않는다는 것 때문에 더 불안해진다. 이렇게 날 좋아하지 않으면 내게서 떠날 수 있다고 생각하게 된다. 결국 분리불안은 더 오래 지속될 수 있다.

의존적인 아이, 엄마는 나르시스트가 아닌가?

한 사람이 의존적이게 되면 상대방은 나르시스트가 된다. 자신의 가치를 높게 평가하여 의존적인 사람을 도와주며 따뜻한 상태를 만든다. 어쩌면 이 세상의 모든 사랑은 이렇게 시작되는지도 모르겠다. 아이를 처음 껴안은 엄마는 무한한 책임감을 느끼는 동시에 완벽한 엄마가 되겠다는 욕심도 생긴다. 이 아이에게만은 완벽한 행복을 주고 싶다는 생각을 갖게 되면서 애착관계가 형성된다. 이런 관계가 적절히 유지되기 위해서는 적절한 보상이 이루어져야 하는데 책임감에 불타는 엄마라 해도 아이를 키우다보면 지칠 수밖에 없다. 그러나 아이가 하루가 다르게 성장하는 모습은 엄마에게 기쁨이라는 보상을 준다. 또 주변에서 "네가 참 아이를 잘 키웠다. 너 덕분에 아이가 이렇게 건강하고 예쁘다."라며 보상을 충분히 해주면 엄마와 아이의 관계는 건강하게 이루어진다.

반면, 한쪽이 지나치게 의존적인 경우 아무리 잘해줘도 긍정적인 보상이 나오지 않으면 지칠 수밖에 없다. '내가 그렇게까지 해줬는데 만족을 못해?'하는 생각에 괘씸함까지 더해진다. 그래서 지나치게 의존적이면 거부를 당하게 된다. 어릴 때 엄마와 떨어지지 않으려는 아이를 '의존적'이라고 한다. 이와 마찬가지로 아이를 키우면서 엄마 자신도 의존적으로 변한다는 사실도 잊지 말아야 한다.

"나는 우리 아이만 행복하면 돼요."

흔한 이 말은 무의식 중에 자신의 의존성을 드러내는 말이다. 이러면 자녀는 자신의 인생에 부모의 삶도 매달려 있음을 인지한다. 아이는 자신의 행복과 부모의 만족 사이에 혼란을 느낄 것이다.

어떤 것에 애착이 생기면 행복감과 동시에 두려움도 싹튼다. 그 대상이 사람일 때 우리는 그것을 사랑이라고 부른다. 우리는 살면서 늘 사랑을 갈구하고 의존할 대상을 찾는다. 그 출발은 엄마에게서 시작되지만 앞으로 아이가 의존해야 할 대상은 엄마보다 강해야 하고, 건강해야 하며, 건전해야 한다. 아이는 미성숙하고 무조건적인 의존보다는 세련되고 고차원적인 의존을 엄마로부터 느껴야 한다.

 엄마, 이렇게 생각해보세요

"아이와 안정적인 애착관계를 형성해야지."

아이의 감정에 대한 이해와 몰입이 무엇보다 중요하다. 하루 종일 아이와 함께 보내도 그 시간이 아이와 엄마에게 즐겁지 않다면 애착관계 형성에 아무런 도움이 되지 않는다. 매일 일정한 시간 동안 아이가 원하는 대로 놀아주면 아이는 충분히 사랑받는다고 느낄 수 있다.

02 마음대로 안 되면 악을 써요 – 불안한 엄마

자립하려는 아이가 하는 일에 참견하지 마라.

– 이케다 키요히코

엄마도 불안해서 화를 낼 때가 있다

인형처럼 크는 아이들이 있을까? 얌전한 내 아이에 대한 환상은 엄마라면 누구나 한번쯤 꿈꿔봤을 법한 그림이다. 첫 아이를 낳았을 때 가졌던 육아의 환상들은 아주 사소한 것에서부터 깨지기 시작한다. 누워서 잠만 자던 인형 같은 아이는 목을 가누고 뒤집기를 하면서 점차 '나'를 찾아가는 지극히 자연스러운 여행을 한다. 심신이 피곤한 엄마와는 자꾸 삐걱거리기 시작한다.

28개월 된 아들을 키우는 K씨는 아들이 자기 욕구를 채워주지 않으면 막 화를 내고 악을 쓸 때가 많다고 한다. 아들이 20개월이 되었을 쯤에 둘째를 임신해서 신경이 예민했는데, 그때 아들이 말을 안 듣고 속상하게 하면 화를 못 참고 악을 쓰며 울곤 했다고 한다. K씨는 아마 아들이 자신의 그런 모습을 보고 배운 것 같다고 했다. 아들이 악을 쓸 때마다 그것이 꼭 자신의 잘못 같아서 마음이 아프다고 했다.

아이를 키우면서 누구나 한번쯤 이런 죄책감을 가진 기억들이 있을 것이다. 나도 이런 경우를 많이 느낀다. 아이들끼리 싸우는 장면을 우연히 듣고 있다가, 동생을 나무라는 큰아이 목소리와 행동, 말투가 낯설지 않을 때가 있다. 어쩌면 저런 억양과 말투까지 기억을 하고 있나 소름이 돋을 정도다. 그때마다 죄책감에 시달렸다면 아마 대한민국 엄마 모두가 우울증으로 치료를 받아야 하지 않을까?

엄마는 아이와의 관계에서 오는 불안 때문에 아이에게 화를 내는 경우가 많다. 아이의 미래에 대한 불안이 항상 자리 잡고 있는 엄마는 불안함을 견디는 것보다 남에게 화를 내는 것이 한결 편할 때가 있다. 강렬한 감정에 대응하는 가장 효과적인 방법이 또 다른 강렬한 감정을 갖는 것이다.

아이들이 엄마에게서 배운다는 건 잘하는 것만 배우는 것이 아니다. 나도 아이도 시간의 격차가 있을 뿐 엎치락뒤치락 섞여가며 서로가 성장한다. 감정의 성장도 엄마가 되었다고 완벽해야 하는 것은 아니다.

감정조절이 서툰 아이를 심각하게 받아들이지 마라

욕구가 좌절되었을 때 아이가 과도하게 화를 내고 악을 쓰며 공격적인 반응을 보이는 이유는 아직 감정을 조절하는 능력이 서툴기 때문이다. 어른은 오랜 시간의 경험과 학습을 통해 자기감정을 조절하는 능력을 배운다. 자신의 감정을 그대로 드러냈을 때 제재를 당하거나 혼나는 일이 반복되면서 이루어진 결과다.

하지만 어린아이들은 참거나 기다리는 것과 같은 감정조절이 아직은 어렵다. 그래서 사탕을 먹지 못하거나, 좋아하는 TV 프로그램을 못 보는 사소한 좌절에도 곧 숨이 넘어갈 듯이 울어대는 것이다. 아이를 키우는 엄마 입장에서 아이의 부정적인 반응만 가지고 아이의 상태를 판단하면 자칫 상황을 과민하게 받아들일 수 있다. 기질이 까다로운 아이일수록 그 반응은 더 격할 수 있다. 아이의 반응과 주어진 상황을 더 세심히 파악하는 것이 중요하다.

아이의 화는 공포감, 좌절감의 표현이다

아이가 격하게 화를 내거나 악을 쓸 때, 가장 먼저 해야 할 일은 지금 이 상황이 아이에게 위험하거나 공포감을 주는지 판단해야 한다. 만일 그런 상황이라면 얼른 아이를 위험에서 구한 뒤 보살피고 달래줘야 한다. 하지만 그렇지 않는 상황이라면 아이의 분노는 욕구 좌절에 대한 반응일 뿐 그 이상은 아닐 가능성이 높다.

예를 들어 아이가 물을 달라고 한 뒤 시간이 좀 지체되었을 때 혹은 사과 주스가 없어서 오렌지 주스를 주었을 때, 아이가 격한 감정 반응을 보인다면 이는 위협에 대한 반응이 아니라 좌절감의 표현일 뿐이다. 이런 상황에서는 아이의 감정에 따라 반응할 것이 아니라 아이의 요구를 들어주고 상황을 정리해야 할지, 훈육해야 할지 판단해야 한다. 만약 아이의 요구를 들어주어도 괜찮은 경우에는 원하는 것을 즉시 들어준다. 불필요하게 시간을 끌거나 아이에게 길게 설명하는 것은 좋지 않다.

훈육은 단호하게, 안 되는 건 끝까지 안되는 것이다

충분히 알아듣게 설명했음에도 아이가 고집을 부리며 제멋대로 행동하는 경우도 있다. 예를 들어 막무가내로 장난감을 사달라고 떼를 쓰거나 울어서 부모를 난처하게 만드는 경우다. 놀이터나 박물관 같은 공공장소에서 엄마의 만류에도 불구하고 재미있는 체험 기구를 독차지하겠다고 고집을 부릴 때도 있다. 이런 경우 아이의 의견은 정당하지 않다. 억지를 부리는 것이다.

어린 시절 울고불고 떼를 쓰며 뭔가를 요구하면 따끔하게 나무라거나 이래선 안 된다고 알아듣게 설명하는 것이 아니라, 그 상황을 우선 모면하기 위해 마지못해 들어주고 타협하는 방식으로 교육했기 때문이다. 그래서 아이는 떼를 쓰거나 고집을 부리면 원하는 것을 얻을 수 있다는 식으로 나쁜 습관이 들어버린 것이다.

더 심한 경우는 아이가 요구하지도 않았는데 엄마가 아이의 필요를 먼저 알고 즉각 조치를 취해주는 경우다. 헬리콥터맘보다 더 심한 이런 엄마들을 미국에서는 '잔디깎이 맘'이라고 부른다. 아이 앞에 놓인 장애물을 엄마가 미리미리 치워주는 것이다. 이렇게 길러진 아이는 기다릴 줄 모른다. 부모의 아낌없는 지원으로 늘 원하는 것을 바로바로 얻는 데 익숙해져 있기에 그렇지 못한 상황을 만나면 참지 못한다.

훈육이 필요하다고 생각되는 경우에는 단호하게 안 된다고 말한 뒤 끝까지 요구를 들어주지 않아야 한다. 악을 쓰는 행동에도 가급적 무관심하게 대해야 한다. 이를 멈추려고 애쓰면 오히려 울음이 길어질 수 있다. 이런 상황에서 '혹시나 내가 잘못해서 아이의 성격이 나빠지는 건 아닐까?'라는 생각은 훈육에 방해가 될 뿐이다. 아이들은 엄마의 마음을 놀랍도록 잘 파악한다. '아, 내가 이렇게 하니까 엄마가 멈칫하는구나!'를 본능적으로 느끼고 그 행동을 계속 반복한다.

위로가 먼저 되어야 아이가 자기 감정을 들여다본다

많은 아이들이 잘 해내고 싶은데 잘 되지 않아서 화를 낸다. 능력이 부족하거나 부모의 기준이 너무 높아 성공의 경험이 늘 부족한 아이라면, 아예 시도도 하지 않고 화부터 낸다.

화를 내서 마음의 불편함을 덜어내고 싶은 것이다. 그때는 아이의 잘

하고 싶은 마음만 인정해주면 된다. 불안한 마음을 적극적으로 안아주어야 한다. 아이가 화를 낼 때 엄마는 고쳐주고 싶은 마음에 더 야단치게 되지만, 이때 아이는 자기가 못난 존재라는 생각이 들어 더 화가 난다. 마음속의 분노를 먼저 줄여줘야 한다. 위로를 해야 비로소 아이는 자기 감정을 들여다보고 변화는 거기서 시작된다. 그동안 아이에게 자주 화를 냈다면 지금부터 다정하게 대해주면 된다. 가장 좋은 해결책은 엄마가 불필요한 자책감을 떨쳐버리고 아이가 나이에 맞는 자제력을 가질 수 있도록 상황에 맞게 훈육하는 것이다.

학교생활에서 아이들의 모습을 보면 무조건 지기 싫어서 우기는 아이들이 있다. 모둠 활동에서 자신의 의견이 받아들여지지 않는다고 화를 내고 아예 참여하지 않는 경우도 있다. 친구들의 설명을 듣다보면 본인이 틀렸다는 걸 알게 되었는데도 끝까지 지지 않으려고 우긴다. 주변 아이들이 틀렸다고 지적하면 틀린 내용 때문이 아니라 자신이 틀렸다는 사실 때문에 화를 낸다. 씩씩대며 분을 삭이지 못하기도 한다.

언뜻 보면 자존심이 무척 강하기 때문에 틀린 것을 인정하지 못하는 것처럼 보인다. 하지만 이는 진정한 자존심이 아니다. 건강한 자존심은 자신이 틀렸다는 사실을 알았을 때 바로 수용하고 인정할 줄 아는 것이다. 자신을 사랑하고 존중하기 때문에 오히려 틀릴 수도 있다는 사실을 받아들이고 고치려 하는 것이다. 자신이 틀렸어도 스스로에 대한 사랑은 변함이 없으며 상처받을 일도 없다. 이것이 진정한 자존심이고 자존감이 높은 아이의 모습이다.

 엄마, 이렇게 생각해보세요

"감정코칭은 아이 마음을 늘 편하게 해주는 게 아니다."

엄마가 아이의 마음을 달래주는 것이 아니다. 아이의 감정을 이해해주고 수용해주면 아이는 자기 감정에 압도되지 않고 달래기 시작한다. 감정을 견디고 조절하고 수용하는 능력이 없으면 어른이 되기 어렵다. 마음 읽어주기와 행동을 통제하는 것은 늘 같아야 한다. 마음을 시도 때도 없이 읽어줄 필요는 없다.

03 산만하고 집중을 못해요 -
통제하는 엄마

위대한 행동이라는 것은 없다.
위대한 사랑으로 행한 작은 행동들이 있을 뿐이다.
– 테레사 수녀

아이들은 아이답게 산만한 게 정상이다

나름 아이 교육을 엄마표로 끌고 가면서 잘 시키고 있다고 늘 자부해왔다. 주위에서도 칭찬이 마를 날이 없었다. 그런데 초등학교에 입학한 아이는 선생님으로부터 자주 산만하다는 이야기를 들었다. 처음엔 자존심도 상하고 선생님의 편견이라고 혼자서 위안을 했지만 아이는 학습 이외의 시간이 되면, 아니 엄마랑 있는 시간 이외에는 전혀 다른 모습을 보였다. 통제와 간섭에 해방되어 어쩔 줄 몰라 하는 아이의 모습을 보면서 내가 분명 잘못하고 있다는 것을 알아가게 되었다.

아이들이 3살과 6살이라면 집중력을 문제 삼기에는 너무 어린 나이이다. 이 또래 아이들은 뭐든 금방 싫증을 내고 한 가지를 오래하지 못하는 것이 정상이다. 하지만 나는 이것을 완전히 무시하고 유아시절부터 성인이 보일 수 있는 집중 상태를 아이에게 요구했다. 자연히 스파르타식 교육이 될 수밖에 없었다.

우리나라에서 정규교육 과정을 8세부터 시작하는 이유도 그 정도 나이가 되어서야 20~30분 동안 한자리에 앉아 뭔가를 할 수 있기 때문이다. 이 시기의 아이들은 하던 일이 잘 되지 않거나 다른 관심사가 생기면 바로 마음이 바뀌어 새로운 것에 달려드는 게 보통이다.

또한 집중력이 강해지는 데 가장 중요한 요인은 '성장'이다. 엄마가 어떤 노력을 하든지 어린아이의 집중력을 단기간에 높이는 것은 힘든 일이다. 집중력과 기억력, 판단력은 뇌 발달에 의해 결정되기 때문에 어느 정도 나이가 들어야지만 발휘할 수 있다는 것을 염두에 두어야 한다.

기질적으로 외부 자극에 민감한 아이들은 산만하다

다른 아이와 비교했을 때 산만해 보이거나 엄마의 통제에서 비롯된 산만함이 아니라 선천적으로 산만한 아이들이 있다. 즉, 기질적 특성이 산만한 아이들을 말한다. 이런 아이들은 선천적으로 과잉행동을 하거나 충동적인 성향이 강하다. 요즘에는 ADHD라고 진단받아 약을 먹기도 한다. 그러나 아이가 산만하다고 해서 섣불리 ADHD라 단정 짓고 약을 먹이는 일은 주의해야 한다.

이런 아이들은 외부 자극에 매우 민감한 특성이 있다. 자극에 민감하기 때문에 그만큼 창의적이다. 아이가 새로운 생각을 말하거나 그림 등에서 다르게 표현했다면 "넌 참 창의적이구나!"라고 감탄하고 격려하고 칭찬해줘야 한다. 이렇게 지지받은 아이들은 자신감을 얻어 더욱 재능을 키울 수 있게 된다. 이렇게 새로운 자극에 민감한 아이들은 오히려 다소 산만해보이고 혼란한 상황에서 더 잘 집중한다. 이 놀라운 집중력으로 재능을 갈고 닦는다면 천재성을 드러낼 수 있다.

발명왕 토머스 에디슨의 일화는 유명하다. 교실에서 늘 공상에 빠져 있는 에디슨에게 선생님은 '멍청한 아이', '산만한 아이'로 낙인찍고 문제아 취급을 했다. 이 사실을 알고 화가 난 어머니는 에디슨의 손을 잡고 학교를 나와 집에서 직접 가르쳤다. 우리가 잘 알다시피 이후 에디슨은 어머니의 전폭적인 믿음과 격려, 뒷바라지를 받으며 타고난 호기심을 바탕으로 끈기 있게 실험에 몰두했다. 그 결과 백열전구, 축음기, 전신기 등 혁신적인 제품을 발명하여 인류 문명의 발전에 크게 기여했다. 학교에서 낙인찍힐 정도로 심각했던 에디슨의 산만함이 오히려 놀라운 집중력과 창조성으로 발전한 대표적인 사례다.

아인슈타인의 사례 또한 에디슨의 일화 못지않게 유명하다. 요즘의 기준으로 말하자면 어린 시절의 아인슈타인은 전형적인 ADHD증상을 보였다. 수업에 집중하는 일을 무척이나 어려워했을 뿐 아니라 수시로

새로운 자극에 민감한 아이들은 오히려
다소 산만해 보이고 혼란한 상황에서 더 잘 집중한다.
이 놀라운 집중력으로 재능을 갈고 닦는다면
천재성을 드러낼 수 있다.

엉뚱한 질문을 던져 수업의 흐름을 방해하는 바람에 일찍부터 문제아로 낙인찍혔다. 그는 20세기가, 아니 인류가 낳은 가장 탁월한 물리학자로 아직도 그의 이론들은 과학자들로부터 다양한 분야에서 연구되고 있다.

'수영 황제' 마이클 펠프스도 아인슈타인과 마찬가지로 어린 시절 ADHD증상을 겪었다고 한다. 펠프스의 부모는 아들의 ADHD를 극복하기 위해 수영을 배우게 했고, 그 결과 우리는 베이징 올림픽 8관왕이라는 전무후무한 기록을 달성한 주인공을 만날 수 있었다.

다른 자극이 없도록 주변을 정리하고 일과를 정해줘라

아이의 집중력을 높이기 위해서는 주변 환경을 잘 조성해주어야 한다. 아이가 뭔가에 집중하기 위해서는 주변에 주의를 분산시키는 자극이 적은 게 좋다. 놀이를 할 때도 방이 지나치게 어질러져 있으면 아이의 관심이 이 장난감에서 다른 장난감으로 옮겨가기 쉽다. 정리정돈을 강압적으로 시킬 필요는 없지만, 주변이 어질러지면 어느 정도 정리한 뒤 다른 장난감을 가지고 놀도록 하는 게 좋다.

일과에 맞추어 하루를 보내는 것도 중요하다. 언제, 어떤 일이 일어날지 알 수 없는 상황을 자주 겪으면 집중력을 유지하기 어렵기 때문이다. 언제 밥을 먹을지, 언제 잠을 잘지, 언제 외출할지를 예측할 수 있으면 아이는 하루 일과에 훨씬 잘 집중할 수 있다. 따라서 특별한 일이 없다면 아이의 기본적인 일과는 정해진 순서대로 비슷한 시간에 하는 것이 좋다.

컴퓨터 게임을 자주 하거나, 텔레비전을 많이 보는 것도 집중에 방해가 된다. 아이들은 게임을 하거나 텔레비전을 볼 때 상당히 집중을 잘하는 것처럼 보이지만 사실은 전혀 그렇지 않다. 집중이 아니라 자극이유지되는 상태이다. 아이들은 그저 멍하니 화면을 바라볼 뿐, 뇌 활동이 활발하게 이루어지는 것이 아니기 때문이다. 게임이나 텔레비전은아이들이 집중하지 않아도 저절로 이야기가 진행되고, 다양한 자극을제공해주기 때문에 이런 시간이 많아질수록 아이들은 노력을 들여 집중하는 것이 귀찮아진다.

집중력에는 내가 해야 되는 것을 좋아하며 하는 능동적 집중력과, 그냥 좋아서 재미있게 하는 수동적 집중력이 있다. 내가 선택한 것을 집중하는 것을 우리는 집중력이라고 한다.

너무 자극적인 것에 익숙하게 되면 학습자극에 지루함을 느끼게 된다. 채근담의 '짜고 달고 맵고 신 것은 맛이 아니다.'라는 말처럼 자극적인것에는 천천히 다가갈 필요가 있다.

구체적으로 쉽게 풀어서 지시하라

대개 부모들은 산만한 아이에게 "넌 왜 그렇게 산만하니? 집중해서 해야지."라는 말을 많이 한다. 하지만 아이들은 '집중'이 무슨 뜻인지 모르기 때문에 이러한 말은 아무런 효과가 없다. 따라서 이런 경우에는 말보다 구체적인 행동으로 지시하는 것이 좋다.

"지금 긴 시곗바늘이 5에 있는데, 그게 7에 갈 때까지 책을 읽어볼까?"
"밥을 다 먹을 때까지 자리에서 엉덩이를 떼지 말아보자."

이렇게 쉽게 풀어 이야기 하면 아이는 지겹고 힘들어도 조금 더 해보라는 뜻으로 이해하고, 자신이 할 수 있는 정도보다 더 집중하려고 노력한다.

엄마의 지나친 통제가 아이를 산만하게 만든다

아이가 산만해 보이는가? 그렇게 보이는 가장 큰 이유는 엄마의 기대치가 높아서다. 주위에서 아이가 산만하다는 이야기를 들어본 적이 있는가? 엄마의 지나친 통제와 간섭이 아이를 산만하게 만든다. 아이에게 활동 에너지를 마음껏 분출할 수 있는 다양한 기회를 만들어주고 자유를 주어야 한다.

불안한 부모의 아이는 불안이 높을 가능성이 크다. 미래는 알 수 없고 아이들은 불안하다. 아이들이 기댈 부모들 역시 자기 내면의 불안을 다루는 데 익숙하지 않다. 자신의 노력에 대해 믿음을 가지고 장기적 목표를 향해 뚜벅뚜벅 나가지 못하고 있다.

그래서 확인 가능한 결과에, 남과 비교할 수 있는 결과에 더 집착한다. 목표가 없고 꿈이 없었던 시절 책임과 두려움 때문에 불안해하며 아이를 길렀던 내 모습을 떠올려 본다. 어른이 되어 누릴 자유와 가능성을 그 때에는 믿지 못했다. 아이를 위해 열심히 밀어주고 있다고 생각했지만 아이가 서 있는 곳은 벼랑 끝이었을지도 모른다는 생각이 든다. 아이가 삶을 살만하다고 느끼는 것이 우선이다. 이런 행동, 저런 행동이 문제라는 것을 따지는 것은 그 다음이다.

 엄마, 이렇게 생각해보세요

"산만함은 게으름이 아니라 주의력이 부족한 것이다"

아이가 잘하는 강점을 다양한 활동을 통해서 함께 탐색하여 보고, 아이 스스로 자신이 좋아하는 일을 찾아 집중할 수 있도록 한다. 앞으로 이어날 일들을 미리 예상할 수 있도록 한 달 계획표를 시각적으로 보일 수 있도록 만드는 것도 중요하다.

매번 거짓말을 해요 –
마음을 무시하는 엄마

아이들이 하는 네 가지 거짓말 표현 유형

우리는 살면서 작은 거짓말에서 큰 거짓말까지, 재산을 바꾸거나 사회적 책임까지 져야 할 정도는 아니지만 유쾌한 거짓말들을 많이 한다. 자신감에 손상을 입을 수 있거나 소외될 수 있다는 불안감 때문에, 또 나로 인해 남이 통제되고 있다는 우월감 때문에 거짓말을 한다.

아이를 키우던 시절을 돌아보면 나도 아이 앞에서 의도치 않게 많은 거짓말을 했던 기억이 있다. 목욕탕에 갔을 때, 뷔페에서, 극장에서 아이들 보는 앞에서 문제를 빠르게 해결하기 위해 아이 나이를 속이는 거짓말을 동원했었다.

아이들도 마찬가지다. "애들이 무슨 거짓말을 하겠어?"라고 생각하지만 실제로 아이들은 거짓말의 홍수 속에서 살고 있다. 아이의 연령에 따라 거짓말의 유형이 다르기 때문에 지혜로운 부모의 대처는 아이의 정서지능과 도덕성을 높여주고 나아가서 아이의 자존감을 살릴 수 있는 기회라고 볼 수 있다.

만 3세 아이들은 언어능력의 유희를 즐기는 시기이다. 과거와 현재의 구별을 잘 못한다. 마치 거짓말을 하는 것 같은 표현들을 한다.

"어제 칭찬 받았어?"

"어, 받았어."

"오늘도?"

"어, 오늘도 받았어."

계속 이어간다. 그러다 보니 사실이 아닌 이야기도 많을 수 있다. 유아기의 거짓말은 지어낸 이야기가 많다. 아직 판타지 세계에서 살고 있기 때문이다. 아이들이 흔히 하는 거짓말 유형에는 크게 4가지 정도가 있다.

① 소망형 거짓말

"나 아이스크림 3개나 먹었어요."

아이들은 어릴 때는 원하는 것을 원한다고 표현하는 것이 아니라 마치 이룬 것처럼 이야기 한다. 마음속에 바라는 것들이 거짓말로 표출되는 유형이다. 유치원 종일반이 끝나는 시간에 아이들이 서로 엄마가 지금 오고 있다고 경쟁적으로 거짓말을 하는 것도 이 때문이다. 이때 엄마는 아이의 마음을 알아주고 읽어주기만 하면 된다.

"아이스크림 먹고 싶어요?"
"그렇구나."
"괜찮아?"

유아기 때의 소망형 거짓말은 혼내기보다 아이의 마음을 읽어주는 것으로도 충분하다.

② 현실회피형 거짓말
"내가 안 그랬어요."

딱 잡아떼는 아이. 순수했던 내 아이가 거짓말을 하면 범죄자가 된 듯한 느낌이 든다. 놀 시간이 없는 요즘 아이들이 학교가 끝난 후 운동장에서 시간 가는 줄 모르고 놀다가 학원가는 걸 놓쳐버린다. 아이들은 혼이 날까봐 갔다 온 척을 한다. 이때 엄마는 아이가 학원을 가지 않았다는 걸 알면서도 사실을 묻지 않고 거짓말의 덫을 놓는다.

"학원 갔다 왔니? 오늘 학원 재미있었어?"

"네, 재미있었어요."

"무슨 일 있었는데?"

거짓말이 시작된다. 아이는 그 다음 말을 또 꾸며내야 한다. 거짓말이 계속 꼬리에 꼬리를 물게 되고 아이 마음은 갈수록 두렵고 불편하다. 아이의 거짓말이 꼬리를 무는 동안 아이가 적어도 나에게는 사실을 말해줄 거라 생각했던 바람과 기대가 무너지면서 화가 나기 시작한다. 부모는 확실히 하기 위해 근거를 찾으며 추궁하게 된다. 이때부터 부모는 형사, 자녀는 용의자가 된다. 용의자답게 아이들도 궁지에 몰리면 끝까지 자기를 보호하려 한다.

"엄마 믿지?"

"솔직하게 말하면 혼 안 낼게."

아직은 순수한 아이들이 결국 솔직하게 말한다. 문제는 그걸 듣는 부모다. 듣다 보니 그냥 넘어가면 안 되겠다는 생각이 든다.

"너 오늘 혼 좀 나야겠다."

정직하게 말하면 혼내지 않겠다고 해 놓고 결국 혼을 낸다. 아이는 깨닫는다. '거짓말을 해도 혼나지만, 내가 솔직하게 애기해도 혼나는구나.' '아, 내가 혼나야지만 끝이 나는구나.' 거짓말을 하지 말아야겠다는 생각보다 절대 걸리지 말아야겠다는 생각이 든다. 그러나 부모는 거짓말의 덫을 여기저기 놓는다. 아이는 그때마다 혼나지 않기 위해 거짓말을 하고, 결국 또 혼이 난다.

아이가 거짓말을 했을 때 부모가 알아야 할 중요한 것 중의 하나는, 부모는 거짓말을 안 순간 내가 진실을 알고 있다는 것을 아이한테 전달해주어야 한다는 것이다. 그래야 아이는 더 이상의 거짓말을 만들어내지 않아도 된다. 또 아이를 혼내지 않고 교육하는 것을 아이가 경험하도록 해야 한다. 가장 중요한 것은 어떠한 난처한 상황에서도 가장 좋은 문제해결 방식은 정직한 것이라는 것을 알려줘야 한다. 아빠한테 이른다든지 망태할아버지를 부른다고 협박하는 식은 오히려 현장에서의 주도권을 다른 사람에게 넘겨주는 꼴이 된다. 자칫 부모로서의 지도력을 잃게 된다.

③ 관심을 끌기 위한 거짓말

유치원이 끝나고 오면 엄마는 유치원에서 있었던 일들을 묻곤 한다. 이때 아이들이 해결사 엄마를 부른다.

가장 중요한 것은
어떠한 난처한 상황에서도 가장 좋은 문제해결 방식은
정직한 것이라는 것을 알려줘야 한다.

"점심 때 친구가 날 때렸어."

해결사로 등장하는 엄마는 영웅처럼 반응한다.

"이런 나쁜 녀석이! 엄마가 혼내줄게."

유독 아이가 엄마, 아빠로부터 관심을 많이 받고 있는 경우, 아이는 부모의 과잉반응을 재미있어 한다. 이런 경우는 부모의 과잉반응이 줄어들 때 아이의 거짓말도 줄어든다. 아이마다 거짓말을 하는 원인이 다 다르지만, 관심은 받고자 하는 아이는 관심을 받고자 하는 밑면을 잘 헤아려 봐야 한다. 과도한 관심은 금물이지만 아이들의 속마음은 헤아려주어야 한다.

④ 과시형 거짓말
"나는 집에 더 좋은 거 있어!"
"내가 심은 나팔꽃이 천장에 닿았어."

이런 허풍식의 거짓말을 하는 이유는 좀 더 멋져 보이고 싶기 때문이다. 그러면 친구들이 자기를 좋아하고, 자기를 부러워할 거라고 생각하기 때문이다. 이때 아이들에게 "너 거짓말 했지?"라고 묻는다. 그런데 아이들은 나쁜 의도를 가진 말만 거짓말인 줄 안다. 자기는 거짓말을 안 했다고 생각한다. 그런데 자꾸 "거짓말 했지?"라고 물으니까 겉으로는 "네."라고 대답한다. 하지만 속으로는 '난 그렇게 나쁜 아이가 아니야.'라 는 생각을 한다.

표현을 바꿔 말해야 한다.

"사실이 아닌 걸 얘기하는 건 옳지 않아."
"사실보다 과장되게 표현하면 사람들이 너를 믿지 않아."
"네가 원하는 것은 일어나지 않았는데 일어난 것처럼 말하면 문제가 돼."

두려움을 주기보다는 합리적이고 이성적으로 사고하게끔 해야 한다.

선의의 거짓말은 언제 허용될까?

마지막으로 아이들이 커가면서 선의의 거짓말을 물어보는 경우가 있 다. 선의의 거짓말에는 딱 두 가지가 허용된다고 말해준다. 선물을 받 았을 때 마음에 들지는 않지만 정말 마음에 든다고 말하는 것, 상대방을 배려하는 거짓말이다. 열심히 다이어트 중인 엄마에게 살이 엄청 많이 빠져 보인다고 말하는 것, 상대방에게 희망을 주는 거짓말이다.

거짓말이란 남에게 뒤떨어지기 싫은 자존감이다. 거짓말은 근육운동과 비슷해서 어느 순간 거짓말 근육이 자라게 된다. 이런 경우 내 입에서 진실을 말하는 것이 굉장히 힘들어진다. 거짓말은 단기적으로 봤을 때 자존감이 회복되지만 장기적으로 행동의 제약을 받게 되므로 거짓말을 어떤 곤란한 상황에서 문제를 쉽게 해결하는 방법으로 사용해서는 안 된다는 것을 아이에게 알려주어야 한다.

아이들의 거짓말은 참말과 거짓말 사이에 있는 것이다. 아이의 마음을 헤아리지 않고 아이의 입에서 나온 말만 가지고 잘잘못을 가리기보다는 아이의 마음을 읽어주는 것이 먼저다. 아이는 내 마음속에 어떤 것이 있어도 언어적인 한계 때문에 잘못 표현하는 경우도 있다는 것을 이해해줘야 한다.

엄마, 이렇게 생각해보세요

"아이의 거짓말에 어떻게 대처해야 할까?"

아이가 습관적으로 거짓말을 하느냐, 그렇지 않느냐의 문제는 아이들의 거짓말에 어떻게 대처하느냐에 달려 있다. 우선 아이의 두려움을 공감하고, 거짓말 뒤에 숨은 진정한 욕구를 이해하도록 노력한다. 아이가 숨기고 싶어 하는 것과 바라는 것이 무엇인지 구체적으로 이해한 후에, 사랑하기 때문에 덮어둘 수 없음을 설명하고 거짓말을 하지 않아야 하는 이유를 사랑의 말로 가르쳐야 한다.

05 소심하고 자신감이 없어요 – 부정적인 엄마

> 교육에서 제공된 것은 가치 있는 선물로 인식되어야지
> 힘겨운 의무로 인식되어서는 안 된다.
> – 알베르트 아인슈타인

부정적인 자기 이미지를 쌓게 하지마라

"우리 아이는 소심해요. 자신감이 없어서 큰일이에요."

아이를 키우다 보면 하루에도 큰일날 일들이 한두 가지가 아니다. 아이가 소심하다고 걱정하는 엄마 말은 스스로 "내가 우리 아이를 그렇게 키웠어요."라고 고백하는 것이나 마찬가지다. 아이를 믿지 못하거나 아이에게 너무 높은 기대치를 설정하거나, 완벽주의 성향의 부모가 지나치게 아이를 간섭하고 통제하는 경우 문제가 생긴다.

아이는 부모의 기대에 부응하기 위해 부모를 기쁘게 하기 위해 매사에 부모의 눈치를 살피기 바쁘고 실패를 두려워해 새로운 일에 도전하

려 하지 않기 때문이다. 아이가 자라는 동안 부모가, 특히 엄마가 아이 옆에서 어떤 말과 행동들을 했는지 되짚어볼 필요가 있다.

"그렇게 하면 안 돼!"
"왜 이것도 못하니?"
"그런 건 아기들이나 하는 행동이야!"
"넌 커서 뭐가 되려고 이 모양이니?"
"너 때문에 정말 못살겠다."
"넌 잘하는 것이 하나도 없구나."

나도 모르게 이런 부정적인 말들을 하며 아이를 다그치지는 않았는지 생각해보자. 아이는 엄마가 하는 말을 그대로 흡수한다. 엄마의 부정적인 말들이 아이 안에 쌓여 '나는 정말 아무것도 못하는 아이, 뭘 해도 안 되는 아이구나.'라는 부정적인 자기 이미지가 뿌리 깊게 자리잡고 만다. 스스로 부정적인 이미지에 빠져버리면 정말 잘하는 일도 제대로 실력 발휘를 하지 못하게 된다. 점점 엄마의 말처럼 '잘하는 것이 하나도 없는 아이'가 되어가는 것이다.

목적 의식 – 소심한 변호사에서 인도 건국의 아버지로
인도 건국의 아버지 마하트마 간디는 원래 나약하기 짝이 없는 사람이었다. 워낙 자신감이 없어 학교에 가면 아이들의 놀림감이 되었다. 공부도 못했다. 고등학교를 간신히 졸업한 뒤 지방대학에 진학해 의학공부를 해보았지만 도저히 따라가지 못했다. 간디는 겨우 5개월을 버티다 중퇴하고 말았다. 부모는 전 재산을 털어 그를 영국으로 유학을 보냈다. 그곳에서 간신히 법을 전공하고 인도에 돌아와 변호사가 되었지만 사건을 따내지 못해 좌절감 속에 살았다.

"변호사도 나에겐 안 맞는 것 같아. 차라리 다른 직업을 갖는 게 낫겠어."

그러던 중 요행히 한 사건을 맡게 되었다. 하지만 법정에서 발언을 하려는 찰나 갑자기 많은 사람 앞에서 말을 해야 한다는 사실에 공포를 느꼈다.

"심장이 너무 쿵쾅거려 도저히 말을 못하겠어. 손도 떨리고."

간디는 자신의 발언 순서가 되는 순간 안면몰수하고 냅다 줄행랑을 쳤다. 어쩔 수 없이 동료 변호사가 대신 나서서 반대 심문을 진행해야 했다.

간디는 스스로 변호사 재목이 못된다고 판단했다. 그래서 형의 도움으로 당시 영국령이었던 남아프리카로 떠나 이리저리 돌아다니며 백수

생활을 했다. 그러던 어느 날 그는 다른 도시에 가기 위해 기차 일등칸에 타고 있었다. 그런데 백인 경관이 다가오더니 다짜고짜 화물칸으로 자리를 옮기라는 것이었다.

"경관님, 전 일등칸 돈을 내고 탔어요. 그런데 왜 화물칸으로 가야 합니까?"

"일등칸은 백인만 타게 되어 있소."

"그런 부당한 법규는 없습니다!"

간디가 따지고 들자 경관은 그를 기차에서 끌어내렸다. 어이없는 일이었다. 그는 어쩔 수 없이 다음 기차를 기다렸다. 참담한 심정이었다. 그러면서 퍼뜩 정신을 차렸다. 남아프리카공화국에 이민 온 인도인들이 겪는 온갖 수모가 떠올랐다.

'이게 바로 내 소명이구나. 힘없는 인도인을 위해 싸우는 것.'

그때부터 그는 인종차별 반대운동을 펼치기 시작했다. 먼저 한 인도인이 부탁했던 민사사건을 해결하기 위해 최선을 다했다. 산더미 같은 자료들을 철저히 파헤쳐 사건을 법정 밖에서 해결하는 데 성공했다. 그때부터 억울한 사건을 가진 인도인들이 모두 그에게로 몰려들었다. 간디는 인도 교민들의 인권을 위해 싸우는 구세주로 떠올랐다. 그의 명성이 인도 본국에까지 알려지면서 민족운동의 지도자로 급속히 주목받기 시작했다. 놀라운 변화였다. 단지 목적의식을 찾았다는 사실 하나만으로 숨어있던 능력이 꽃을 피웠다.

긍정적인 사고 - 자기 부정에 빠진 소년에서 미국 대통령으로

미국 최초의 흑인 대통령이면서 노벨평화상까지 수상한 버락 오바마는 어린 시절 자신이 흑백혼혈이라는 사실만으로 친구들에게 놀림과 무시를 당하며 살아왔다. 자신이 흑인이라는 사실이 너무 싫어서 할 수만 있다면 백인이 되고 싶은 마음이 간절했다. 그렇게 자신의 부정적인 이미지에 빠져있던 오바마에게 당당한 자신감을 심어준 사람은 지혜로운 엄마였다.

자녀교육에 헌신적인 오바마의 엄마는 특히 긍정적인 사고로 꿈과 희망과 자신감을 심어 주었다.

'네가 간절히 바라는 것은 반드시 이루어진다.'
'네가 원하는 것은 무엇이든 할 수 있다.'

오바마가 가난과 부모의 이혼이라는 불행한 환경을 딛고 인종차별이라는 절망적인 상황에서도 희망을 잃지 않고 미국 대통령으로 세계의 리더가 될 수 있었던 것은 그의 엄마가 심어준 긍정적인 사고와 자신감 덕분이었다.

이처럼 배역을 찾으면 최고의 능력이 나온다.

자신감은 칭찬으로 자라지 않는다. 어떤 목표를 달성했다고 커지지도 않는다. 스스로 노력해서 성취한 경험만이 자신감을 키운다. 사람은 자기가 계획한 것을 매일 매일 지킬 때, 자신에 대한 믿음이 생긴다. '난 결심한 것은 꼭 해내고야 만다.'는 자신에 대한 믿음이 자신감의 기초가 된다. 부모 눈에는 미흡할지라도 아이 스스로 충분히 해낼 수 있는 일들을 경험하게 하는 것이, 높은 기대치에서 겨우겨우 힘들게 따라가는 것보다 아이의 성장에 도움이 된다. 아이의 자신감을 키워주고 싶다면 스스로 배역을 찾고, 스스로 시도하게 격려해야 한다. 평소보다 좀 더 노력해서 무언가를 성취하는 경험을 갖게 도와준다면 성취 수준은 아이에게 그다지 중요하지 않게 된다.

내가 한 것이 중요하고, 나 스스로 이룬 것이란 느낌이 중요하다.

아이는 어른처럼 잘하지 못한다. '아이'라는 것을 기억해야 한다. 아이이기 때문에 실수하는 것이다. 시행착오를 거쳐 점점 성숙한 어른으로 자라게 되는 것이다.

부정적인 자기 이미지에 빠진 아이가 "난 할 수 없어요.", "난 잘 못해요."라고 말할 때 격려해줘야 한다.

"아직은 할 수 없다는 말이지? 계속 시도해보면 할 수 있을 거야."
"아직은 잘 못한다는 말이지? 엄마가 조금 도와줄 테니 같이 연습해보자. 계속 연습하면 잘할 수 있을 거야."

항상 아이의 말에 공감하고 이해해주어야 한다. 아이가 어떤 말과 행동을 하든 수용적인 분위기에서 아이의 자신감은 자라날 수 있다.

요즘 학교문화는 아이들의 근면성 발달에 불리하다. 과도한 지적성취와 잦은 평가에 아이들의 자신감이 흔들리고 있다. 학교에서 평가하는 것은 인간이 가진 능력의 전체를 평가하기에는 부족함이 많다. 이로 인해 아이의 자신감이 떨어진다면 인생을 살아갈 엔진을 잃어버리는 것과 같다.

자신감은 자기를 믿는 마음이다. 자신에게 믿을만한 뭔가 느껴져야 믿는 법이다. 겉모습은 화려해도 남이 다 해준 거라면 자신을 믿을 수 없게 된다. 혼자서 뭔가 할 수 있다는 마음이 자신감을 만든다. 그래서 아이에게 도움을 주려면 눈에 안 띄게, 아이가 모르게 해야 한다. 마치 산타클로스를 대신해 크리스마스 선물을 머리맡에 놓고 아이가 산타클

아이이기 때문에 실수하는 것이다.
시행착오를 거쳐 점점 성숙한 어른으로 자라게 되는 것이다.
부정적인 자기 이미지에 빠진 아이가 "난 할 수 없어요.",
"난 잘 못해요."라고 말할 때 격려해줘야 한다.

로스가 있다고 믿어주기를 바라는 마음처럼, 아이에게 있어서 엄마의 부담스러운 칭찬보다 매일매일 끌어안고 아이의 눈을 바라보며 믿음과 신뢰를 담은 마법의 주문을 걸어보자.

 엄마, 이렇게 생각해보세요

"자신감이 부족한 아이, 스피치 능력을 키워주자."

스피치는 단순하게 '말하기' 능력이 아니다. 자존감, 자신감, 사회성, 리더십까지 살면서 전반적인 영향을 끼치기 때문이다. 두서없고, 뒤죽박죽 말하는 아이의 원인은 말의 속도가 생각의 속도를 따라가지 못해서이다. 정답만을 요구하는 부모의 대화와 질문방식이 원인이 되기도 한다.

06 까다롭고 예민하게 굴어요 –
고집 센 엄마

성격을 만드는 기질, 어떻게 바라보느냐가 중요하다

아이를 키우면서 부러운 것 3가지가 있다면 공부, 키, 인사성을 들 수 있다. 하지만 아이가 어릴수록 부러운 것은 '순한 아이'이다. "어쩌면 저렇게 순해.", "순한 아이 키우는 엄마는 얼마나 좋을까?"라는 생각들을 한번쯤은 해봤을 것이다.

요즘 매스컴을 보면서 '부모 되는 것이 참 힘들구나.' 하는 생각과 함께 '부모가 되기 전에 갖추어야 할 마음이 많이 부족했었다.' 하는 생각을 한다. 많은 부모들이 아이를 키우면서 내가 원하는 모습의 아이로 만들기 위해 여러 가지 갈등을 한다. 마치 나의 그림자처럼, 내 지시를 받는 로봇처럼 아이들을 내가 생각하는 대로 언제든지 변화시킬 수 있다고 생각한다. 때문에 아이가 말을 듣지 않거나, 아이가 내가 원하는 모습이 되지 않았을 때 굉장히 많은 요구를 하게 된다. 부모와 자녀 사이의 갈등은 깊어지고 심지어 아이와의 관계 때문에 불행한 일이 생기는 것이 아닌가 생각한다.

아이들은 태어날 때부터 가지고 있는 기질이 있다. 기질은 성격의 모체가 되어서 부모가 어떻게 바라보느냐에 따라 자라면서 다르게 변할 수 있다.

예를 들어 조용하고 적응하는 데 오래 걸리는 아이가 있다고 하자. 이런 아이는 자존감이 있을 때 차분하고 신중하며 배려하는 아이로 자랄 수 있다. 반대로 부모가 이를 못마땅하거나 바꿔야 한다고 생각할 때 겁 많고 불안하고 위축되는 아이로 변할 수 있다. 활동량이 많고 충동적인 아이의 경우도 적극적이고 도전의욕이 강한 성격으로도, 공격적이고 좌충우돌하는 성격으로도 변할 수 있다. 기질은 성격을 만들어가는데, 그 성격은 같은 기질에서 천차만별로 나누어진다. 아이의 기질은 행동 양식이나 정서적인 반응 유형에 따라 3가지로 분류해본다.

① 느린 아이
낯선 사람이나 사물을 봤을 때 느리게 접근한다. 빨리 만져보지 못하고 한동안 관찰하고 탐색한 다음에서야 그것을 먹을 수 있고 만져볼 수

있다. 심지어 어떤 아이는 만져보고 싶어도 엄마나 선생님의 손을 거기에 가져가서 어떻게 되는지, 어떤 상황인지를 살펴본 다음에 자기의 손으로 만지는 경우가 있다.

대한민국에서 가장 많이 쓰는 말 중 하나가 '빨리 빨리'라는 말이다. 급하거나 빠르게 뭔가를 해야 하는 상황에서 부모들은 이런 아이를 답답해한다. 이런 아이에게는 커다란 장점이 있다. 크게 실패하지 않는다. '돌다리도 두들겨 가야 한다.'라는 속담처럼 굉장히 안정적이다. 하지만 부모 입장에서는 '네가 조금 빠르게 하면 내가 시간을 아낄 수 있고 어려움이 없는데!'라고 힘들어한다.

② 순한 아이

새로운 상황에 빨리 적응하고 항상 유쾌해 한다. 그렇기 때문에 '아이가 참 순하다.'라는 칭찬을 받는다.

순한 아이에게도 굉장히 조심해야 할 것이 있다. 순한 아이라고 해서 늘 유쾌하고 즐겁고 좋은 것만은 아니다. 심지어 순하게 큰 아이가 회사 생활이나 결혼 생활에서 별일이 없어 보였는데 어느 순간 크게 폭발하는 경우를 볼 수 있다.

순한 사람에게는 일이 많이 온다. 이 사람도 부탁하고 저 사람도 부탁한다. 일이 과부하에 걸리게 된다. 어느 날 순하게 일을 잘하던 사람이 갑자기 폭발하는 경우가 있다. '아, 저 사람 저렇게 힘들었는데 어떻게 참았지?'라는 생각이 든다. 그만큼 꼭꼭 누르고 있다.

우리는 순한 사람이 잘 참고 있다고 생각한다. 동시에 편안하게 즐기는 게 아니라는 것을 파악해야 한다. 친구들에게 공격도 더 많이 받을 수 있다. 동료들에게 일도 더 많이 받을 수 있다. 그러면서 본인은 힘들어 하는 경우가 발생할 수 있다.

아이를 키우는 입장에서 순한 아이가 좋을 수는 있지만, 아이가 순하게만 크면 순한 만큼 나가서 많은 어려움을 참아내야 한다. 순한 아이가 마냥 좋은 것만은 아니라는 것도 알아야 한다.

③ 까다로운 아이

먹는 것, 자는 것, 변 보는 것. 이 3가지로 엄마를 괴롭힐 때 엄마는 아이를 까다롭다고 규정한다. 부모에게 까다로운 아이만큼 키우기 힘든 아이도 없다. 자극이 조금만 있거나 또는 내가 원하는 것이 아니면 마치 폭발하듯이 울어버린다. 자기가 하고 싶은 것은 꼭 해야 되고 하고 싶지 않은 것은 도저히 시킬 수 없을 만큼 아이가 많은 감정표현을 한다.

어찌 보면 까다로운 사람에게 장점이 있을 수 있다. 왜냐하면 남의 일을 더 하거나 싫은 상황을 견디지 않아도 되는 경우가 많다. 회사 생활에서도 까다로운 사람에게는 일을 부탁하지 않는다. 일을 부탁하자마자 얼굴에 굉장히 안 좋은 표정이 드러나기 때문에 부담스러워서 아무도 부탁하지 않는다.

장점이 있다. 까다로운 아이는 아이가 좋고 나쁨을 적극적으로 표현하기 때문에 부모가 "너 생각이 뭐니?"하고 구태여 물어보지 않아도 아이 생각의 흐름이 겉으로 다 보인다. 그래서 부모는 아이가 무엇을 좋아하고 싫어하는지 어떤 걸 할 때 즐거워하는지 잘 파악할 수 있다. 반면 아이가 싫어하는 것은 도저히 할 수가 없기 때문에 아이를 키울 때 애를 먹기도 한다. 엄마가 다 맞춰줘야 되겠다고 잘못 방향을 잡을 수도 있지만 이런 아이일수록 강한 처벌보다 부드럽게 바로 잡아줄 때 더 잘 배운다. 이런 아이들은 아이가 놀이에 몰입해서 빠졌을 때 아이에게 예고를 해주는 것이 좋다.

"지민아, 네가 재미있게 놀고 있는데 저 시계 긴 바늘이 5에 가면 엄마, 아빠랑 외출할거야."

이렇게 두어 번 말을 하면 아이는 놀이하는 게 재미있지만 엄마랑 나가야 하는구나 하고 마음의 준비를 할 수 있다. 카시트에 앉힐 때 벨트 메기를 싫어하는 아이들이 있다. 이럴 때는 어깨를 누르고 표정을 단호하게 한 다음 딱 부러지게 말해야 한다.

"네가 시트에 앉지 않으면 엄마랑 나갈 수가 없단다."

몇 번 시도하다가 '아, 내가 원하는 대로 나가려면 이걸 감수해야 나갈 수 있구나.' 하고 아이가 단념하고 수용한다. 이런 아이의 경우 부모의 많은 인내심을 필요로 하는데, 그럼에도 불구하고 이런 아이의 장점은 자기가 좋고 싫은 게 분명하고 내가 내 뜻을 굉장히 편하게 표현하기 때문에 아이의 의지대로 세상을 살아갈 수 있다는 것이다.

기질을 어떻게 발전시키느냐에 따라 성격이 달라진다

아이의 기질은 부모가 선택한 것이 아니라 이미 아이가 가지고 태어난 것이다. 그것에 대해 수용하고 우리 아이의 기질을 잘 살펴서 어떻게 엄마, 아빠의 역할을 해야 아이가 자신의 기질을 살려 더 좋은 장점으로 발휘할 수 있을까 살펴야 한다.

똑같은 아이인데 긍정적으로 바라보느냐, 부정적으로 바라보느냐에 따라 아이의 기질은 여러 갈래의 성격으로 드러난다. 기질이 까다롭고 예민하다는 것은 그만큼 모든 감각이 열려 있다는 뜻이기도 하다. 그래서 상처받기도 쉽고 밖에서 보호받기 어려울 때가 많다. 아이가 고통을 느끼기를 바라는 부모는 없다. 그렇다고 아이가 상처받을까봐 미리 보호하는 것은 상처나 고통을 미리 막는 동시에 스스로 성숙해질 기회도 막는 것이다.

기질을 고민하기 이전에 아이 안에 자존감을 세워야 한다. 어떠한 힘든 기질도 그 안에 자존감이 버티고 있으면 시간과 노력이 더해져 다듬고 만들어갈 수가 있다. 마음은 피부와 닮아서 상처가 나고 아무는 과정이 비슷하다. 기질은 바뀌는 것이 아니기 때문에 기다려주는 것이 정답이다.

 엄마, 이렇게 생각해보세요

"아이는 도화지가 아니다."

한 아이의 성장이란 아이의 타고난'기질'과 부모의'양육'간 상호작용의 결과물이다. 문제는 기질에 따라 아이의 성장환경에도'빈익빈 부익부'가 발생한다는 것이다. 보다 큰 애정으로 포용하되 무엇이 잘못된 것인지 단호하게 일러주는 쉽지 않은 양육의 줄타기를 해야 한다. 완벽하지 않아도 괜찮다.

07 자주 울고 쉽게 화내요 – 기다리지 못하는 엄마

교육의 목적은 지식이 아니다. 행동이다.
– 토머스 캠피스

아이에게 감정의 이름을 정확하게 알려줘라

보통 아이들의 감정이 자라면서 자연스럽게 드러나면서 성장한다고 생각하지만, 감정은 처음에는 화, 기쁨, 이 두 가지 정도다. 이 둘이 점점 세분화된다.

그래서 2살 정도 된 아이들은 시기, 질투 이런 감정을 잘 모른다. 그냥 '화가 났다.' '뭘 던지고 싶다.' 이 정도의 감정은 알지만 '친구가 내 장난감을 뺏어서' 화가 났다, '엄마가 동생만 예뻐하니까 그게 시기 질투가 나서' 때려주고 싶다 등의 감정 차이를 모른다.

따라서 아이의 감정을 엄마가 언어로 표현해주면, 자기의 감정에 이름을 붙여가면서 다양한 감정을 느끼게 된다. 아이가 감정을 정확하게 느끼는 것은 나쁜 감정, 부정적인 감정들을 해결하기 위한 첫 번째 단추이다.

감정조절 능력이 행동을 조절한다

감정이 중요한 이유는 행동을 조절하기 때문이다.

많은 엄마들은 엄마가 없어도 울지 않고 불편한 상황들을 잘 견디는 아이에게 호감을 보인다. 겉으로 보기에 이런 아이는 아무 스트레스를 받지 않는 것처럼 보인다. 무덤덤하고 굉장히 독립적인 아이처럼 보이기도 한다. 하지만 스트레스 호르몬 측정을 통해서 본 이때 아이의 스트레스 수치는 굉장히 높은 것으로 밝혀졌다.

모든 아이는 부모에게 애착이 있다. 특히 아이들이 두려움을 느낄 때 보이는 여러 유형의 애착들이 있다. 불안정 애착 아이들은 크게 두 가지로 나뉜다.

하나는 '회피'다. 이 아이들은 가정에서 양육자를 통해 감정을 조절할 수 없다는 것을 학습하고, 어린 나이에 자율적이고 독립적인 성향이 생긴다. 다른 하나는 '저항 애착'이다. 아이가 엄청나게 화가 나 있는 것처럼 보이기도 하지만, 화는 엄마의 관심을 얻으려는 일종의 전략이다. 부모가 바쁘거나, 미숙하거나, 무관심해서 아이에게 필요한 것을 충분히 제공해주지 않을 때, 아이는 필요한 것을 얻기 위해서 불만을 크게 표시해야 한다는 것을 배웠다.

사람들은 흔히 화를 잘 참으면 감정조절을 잘한다고 생각 하지만 이것은 큰 오해다. 감정을 잘 조절한다는 것은 무작정 참기만 하는 것도 아니고 그것을 과잉 분출하는 것도 아니다. 자신의 감정이 긍정적이든, 부정적이든 간에 그것을 잘 인식하고, 다른 사람들이 수용할 만한 방법으로 표현한다든지, 더 나가서 그런 부정적인 감정을 어떻게 나름대로의 방법을 통해 긍정적인 감정으로 돌려놓을 수 있는 사람이 감정조절 능력이 뛰어난 사람이라고 할 수 있다.

생후 1년에서 1년 반, 감정조절의 1차 시기

아이의 감정조절 능력의 일차적인 성공 요소는 생후 1년에서 1년 반 동안 양육자와 아이가 맺는 관계에 있다고 할 수 있다. 아이의 행동은 부모가 자기에게 어떻게 반응할 것인지에 대한 아이의 예측에서 시작된다.

생후 1달, 아이에게 표현할 수 있는 것은 울음밖에 없다. 3개월쯤 미소를 짓기 시작하며, 아이의 미소는 엄마, 아빠의 얼굴에 웃음꽃을 피운다. 미소는 부모의 관심을 끌어내는 데 효과적이다. 이 과정을 통해 아이와 부모는 강한 유대감을 갖게 된다.

사람들은 흔히 화를 잘 참으면 감정조절을 잘한다고 생각하지만
이것은 큰 오해다.
감정을 잘 조절한다는 것은 무작정 참기만 하는 것도 아니고
그것을 과잉 분출하는 것도 아니다.

아이들이 우는 것은 자기의 부족한 감정조절 능력을 도움받기 위해서 양육자에게 보내는 메시지다. 그런데 엄마가 그것을 잘 예민하게 읽고 아이를 달래준다든지, 아이를 불편하게 하는 것을 치워준다든지 그런 경험들을 하는 아이들은 '내가 필요한 것을 다른 사람을 통해서 얻을 수 있구나' 하는 마음 상태가 축적되는 것이다. 부모의 밝은 표정은 아기 스스로 기쁨을 주는 존재라고 느끼게 만든다. 아이는 미소로 보답하며 점차 부모에게 사랑을 주는 존재로 변신해간다.

본격적으로 자기의 감정을 조절할 준비가 되는 시점은 생후 6개월즈음이다. 스트레스 상황에서 엄마가 잘 반응해주고 도와주었던 아이들은 쉽게 엄마에게 호소할 수 있는 아이가 된다. 미소를 짓는다든지 엄마가 화낸 표정을 지을 때, 어떤 부드러운 감정교류를 다시 끌어내려고 노력하는 모습을 볼 수 있다. 기질이 반영되는 측면도 많지만, 부모의 그간의 양육방식과 상호작용 방식이 중요한 역할을 한다고 본다. 취학 전후로 상담을 요청해온 아이의 상당 부분이 엄마들의 산후 우울증 경험이 있었다.

감정을 알아주고 스스로 조절할 때까지 기다려라

아이의 감정조절 능력을 키워주기 위해서는 어떻게 해야 할까? 우선 정서적인 안정감이 중요하다. 안전하다고 느껴야 한다. 안전하다는 것은 '네가 지금 굉장히 힘든 걸 엄마가 안다.'라는 것이다. 이런 것을 수 긍이라고 한다.

"왜 울어! 네가 뭘 잘했다고 그래!"

이런 것은 안전하지 않다. 수긍하고 인정해주는 것이 굉장히 중요하 다. 다음은 스스로 조절할 때까지 기다리는 것이다. 아이가 울고 화날 때 부모가 못 참는 것은 아이의 표현방식으로 부모의 감정, 정서까지 건 드려지는 것이다. 부모 역시 어른임에도 불구하고 이 정서적 자극에 본 인이 못 견디는 것이다. 못 견디는 것은 빨리 없애려고 한다. 없애려고 하니까 지나치게 달래주려 한다든가 꼼짝 못하게끔 뭐라고 한다.

빨리 없애려고 한다는 것은 억압과 억제의 감정을 가르치는 것이지, 이것을 스스로 소화해내는 능력을 가르치는 것은 아니다. 아이의 감정 을 지나치게 어르고 달래서는 안 된다. 아이가 스스로 그쳐갈 때까지 기 다려야 한다. 이것은 개인마다 차이가 있어서 어떤 아이는 10분에 그치 는 아이가 있고, 어떤 아이는 30분, 1시간이 걸리기도 한다.

아이는 부모의 감정조절 능력을 보고 배운다

부모가 자신의 감정을 잘 다룰 수 있어야 아이의 감정도 잘 다룰 수 있다.

어떤 대처나 감정의 표현 방식은 부모를 끊임없이 보고 자란다. 학습되는 면이 굉장히 많다 고 볼 수 있다. 감정 발달이나 조절이 미숙한 사람은 자칫 잘못하면 아이에게도 되물림될 수 있는 가능성도 크다.

비행기를 타면 산소마스크는 보통 어른이 먼저 쓴다. 아이는 어른을 대처할 수 있는 능력이 없기 때문이다. 어른이 먼저 쓰고 안전이 확보된 다음에 아이에게 주어야 한다.

부모가 어느 정도 감정적인 여유가 있어야 아이의 감정도 볼 수 있고 돌볼 수 있는 것이다. 희노애락을 자연스럽게 느끼고 나한테 일어나는 감정이 어떤 것인지 잘 포착해서 이것이 불안인지, 걱정인지를 먼저 알아야 한다. 그 다음에 그 감정을 적절히 표현할 수 있어야하고, 그것이 잘 되어야 결국은 다른 사람의 감정도 잘 공감할 수 있는 능력이 생기는 것이다. 이런 감정 발달이 잘된 사람들은 회복력이 좋다. 삶을 살면서 피할 수 없는 스트레스를 잘 해결해내고 그렇게 살아간다고 보면 조금 더 행복에 가까워질 수 있다. 눈물 말고도 나의 답답한 감정을 표현할 수 있어야 한다.

교육이라는 것이 단순히 빈 공간을 채워 넣는 것이 아니다. 아이에게 좋은 가치를 알려주면서 매일 감정교육을 하는 것이 중요하다. 특히 사랑은 어릴 때부터 발달시켜야 할 생존지능이기도하다. 하지만 사랑만으로는 부족하다. 사랑하는 방법을 배워야 한다. 교육은 사랑, 보살핌, 부드러운 말들, 습관들도 포함한다. 교육은 아이들에게 보내는 후원의 목소리이며, 아이들은 이를 통해 한 발 내디딜 때마다 안전함을 느낀다. 이것이 감정교육이다. 내가 했던 행동으로 자부심을 느끼게 되면 비슷한 행동을 또 하고 싶어진다. 그러나 나쁜 행동을 해서 수치심이나 죄책감을 느끼면 그 행동을 다시 하지 않으려고 한다. 감정에는 공감하고 행동에는 한계를 그어준다. 큰 호기심으로 세상에 뛰어드는 이 시기에 무엇이 옳고 그른지에 대한 자각과 매일 매일의 사랑이 필요하다.

 엄마, 이렇게 생각해보세요

"분노 조절법을 가르치자."

분노란 자신을 보호하는 역할도 하므로 나쁜 것은 아니지만, 사회적으로 용납될 수 있는 수준의 표현방법을 찾게 해준다. 가장 중요한 것은 자녀가 분노를 표출하여 적대적인 행동을 할 때 같이 휩쓸리지 않는 것이다.'무슨 일로 이렇게 화가 났니?'라고 물어 이유를 생각해보게 해야 한다.

PART 5

아이의 미래는 엄마가 꿈꾸는 대로 된다

01   내 아이도 어디에선가 천재다

재능 씨앗 속 꽃과 열매까지 모두 다 믿어라

'겨자씨 한 알만 한 믿음'이란 표현은 엄마에게 좌절로 다가왔다. 우리는 그동안 '겨자씨 한 알'이 아주 적은 양의 믿음을 표현한다고 배웠다. 그렇게 적은 양의 믿음도 성공을 보증하고 있는데, '왜 나는 이렇게 적은 양의 믿음조차 부족할까?' 하면서 좌절했다. 하지만 '겨자씨의 믿음'은 적은 양의 믿음을 의미하지 않는다. 오히려 완벽한 믿음을 뜻한다. 겨자씨 한 알은 오직 하나의 겨자 열매가 되는 것만을 인식하고, 세상에 있는 어떤 다른 열매가 되는 것을 인식하지 않는다.

교육은 미래를 바라보고 하는 투자다. 그 안에 기준점이 없으면 여기저기 끌려 다니기 쉽다. 아이를 키우면서 복잡하고 어려운 문제가 닥칠 때마다 나는 '씨앗의 법칙'을 자주 꺼내 쓴다. 법칙은 하나의 오차도 없으므로 우리에게 아주 명쾌한 해답을 줄때가 많다. 교육은 종교와 비슷하다. 아이에게 절대적인 믿음을 가져야만 성공할 수 있다. 그 절대적인 믿음은 현재가 아닌 미래를 향해 있다. 세계적인 위인들을 길러낸 어머니들은 하나같이 자식의 미래에 대해서 종교에 준하는 믿음을 지켜왔다.

알버트 아인슈타인은 이렇게 말한 바 있다.

"모든 사람은 천재다. 그런데 물고기를 나무타기 능력으로 평가하자면 그 물고기는 평생을 스스로가 바보라고 생각하며 살 것이다."

많은 사람들이 천재인 자신을 깨닫지 못하고 바보로 살아가는 이유다.

왜 천차만별인 아이들을 똑같이 취급하는가?

학교는 물고기를 나무에 오르도록 만들뿐 아니라 나무를 타고 내려오게도 만들고, 단축 마라톤도 달리게 만든다. 오늘날 전화기의 모습과 100년 전 전화기의 모습은 상상을 초월할 정도로 변해 있다. 자동차도 마찬가지다. 지금의 모습과 100년 전의 모습은 어마어마하게 변해 있다. 하지만 오늘날 교실의 모습과 100년 전 교실의 모습은 달라진 것이 없다. 학생들의 미래를 준비하는 학교는 말 그대로 100년이 넘는 시간 동안 바뀐 게 없다.

학생들에게 똑바로 오와 열을 맞춰서 가만히 앉아 있으라 하고, 말하고 싶을 때는 손을 들라하고 시키는 대로 생각하라고 한다. 그리고 1등을 하라고 한다. 품질 등급 1등급 고기처럼.

모든 과학자들이 똑같은 두뇌는 하나도 없다고 말한다. 둘 이상의 자녀를 가진 부모들은 공감할 것이다. 그런데 왜 아이들을 다 똑같이 취급해야 하나? 마치 쿠키틀로 똑같은 모양을 찍어내듯이 나무만을 오르라 한다. 아이들은 각자 다른 장점과 다른 욕구, 다른 재능과 다른 꿈들을 가졌는데도 학교는 똑같은 것을 똑같은 방식으로 가르친다. 끔찍한 일이다.

의사가 모든 환자들에게 똑같은 약만을 처방한다면 그 결과는 매우 끔찍할 것이다. 아이들 중에는 수학을 이해하지 못하는 예술가가 있을 수도 있고, 역사에 무관심한 사업가도 있다. 물리학보다는 신체건강이 더 중요한 운동선수도 있다. 세상은 계속 바뀌고 있고 우리는 창의적으로, 혁신적으로, 비판적으로, 독립적으로 생각할 줄 아는 사람이 필요하다. 물론 서로 관계 맺는 능력이 있다는 전제하에 말이다.

훌륭한 선생님은 한 아이의 영혼을 살린다

선생님은 세상에서 가장 중요한 직업이다. 아이들을 가르치는 선생님들은 의사만큼이나 보상을 받아야 한다고 생각한다. 학창시절 우리 네 자매의 용돈은 늘 빠듯했다. 초등학교 교사이신 아버지의 박봉으로 우리 네 자매가 대학까지 졸업하기까지는 어머니의 구김살이 가실 날이 없었다. 나는 울타리 밖 학습지 교사로 일을 시작해 지금은 현장에서 일하시는 선생님들을 관리하고 있다. 요즘처럼 엄마 혼자서 모든 것을 감당하기 복잡한 세상에 울타리 밖 교사의 역할은 참으로 중요하다. 하지만 이분들의 중요한 역할들에 비해 보상과 위상이 적다는 것에 늘 속상하다. 아이들이 학교를 통해 별로 변화가 없다는 게 당연한 결과일지도 모른다.

의사가 심장 수술을 통해 한 아이의 생명을 살릴 수 있다고 한다면 훌륭한 선생님은 한 아이의 영혼에 다가갈 수 있는 존재이기 때문이다. 그러면 그 아이는 진짜 자신의 삶을 살 수 있기 때문이다. 의료도 자동차도 페이스북 페이지도 모두 개인에 맞춰진다면 교육 역시도 그렇게 개인에게 맞춰져야 한다.

재능은 교육된다

"어느 아이든 천재가 될 수 있다고 바라보면 천재가 된다."

이런 말을 한 헝가리 교육 심리학자 폴가는 아버지의 신념을 정확히 현실로 나타냈다.

"지극히 평범한 아이를 천재로 만들 수 있을까?"

호기심을 못 이긴 폴가는 마침내 신문에 이색 광고를 냈다.

"저와 결혼해주실 지극히 평범한 여자분 급구. 천재 만들기 실험용 아기 낳아주실 여자분."

광고를 보고 사람들은 수근거렸지만 신통하게도 그 광고를 보고 결혼하겠다는 여자가 나타났다. 평범한 지능의 여자와 결혼해 딸아이를 낳았다. 딸아이는 예상대로 4살이 될 때까지 아무런 특별한 재능도 보이지 않았다. 고민 끝에 그는 첫 아이를 체스 천재로 만들기로 결정했다. 당시만 해도 여자는 선천적으로 체스를 못한다는 고정관념이 팽배해 있었다. 그는 그게 고정관념 때문이란 걸 입증하고 싶었다. 동시에 그가 깨고 싶었던 것은 지능이 유전된다는 고정관념이었다.

그와 부인은 사실 체스에 문외한이었다. 만일 딸아이가 체스 천재가 된다면 그건 성별로 보나, 유전적으로 보나, 타고난 재능과는 전혀 무관한 일이었다. 그는 천재성을 이끌어내는 가장 큰 힘은 동기유발이라고 보았다. 그래서 아이가 볼 때마다 재미있는 표정을 지으며 혼자서 체스를 두었다. 그 자신도 아이를 가르치기 위해 체스공부에 전념했다. 체스에 관한 모든 책을 사다 아이와 함께 읽었다.

그는 아이를 학교에 보내지 않고 부인과 함께 집에서 가르쳤다. 학교에 보내면 지능에 대한 유전적, 성별적 고정관념에 물들어버릴까 염려해서였다. 그 후로 둘째, 셋째 딸이 태어났고 그들에게도 똑같은 방법으로 체스를 가르쳤다. 첫 딸은 여성으로는 사상 처음으로 세계 최고 체스 명인이 됐고 둘째와 셋째 딸도 역시 명인 자리에 올랐다.

내 아이는 어디에서 행복한가?

양자물리학자들은 지능에 대한 두 가지 고정관념들을 지적한다.

"지능은 타고나는 것이다."
"지능은 이미 결정되어 있다."

이 두 가지 착각을 떨쳐버리면 닫혀있던 지능은 저절로 열리게 된다. 지능은 내가 바라보는 대로 변화하고 내 머릿속에서 나오는 것이라고 생각하면 사고의 폭이 획기적으로 넓어지고 지능도 껑충 올라간다.

아이의 문제로 고민하는 부모와 이야기해보면 많은 경우 부모가 싸우고 있는 것은 자신의 두려움과 좌절감이다. 아이의 성공을 위해 노력한다고 하지만 그 뒤에는 자신의 욕망이 도사리고 있다. 우리는 그것을 모성애, 부모의 한없는 사랑으로 묘사하지만 그 깊은 내면에는 아이와 자신을 분리하지 못하는 미성숙한 부모의 모습이 있다.

자신의 부풀려진 두려움을 아이가 겪을 미래라고 착각하지 말아야 한다. 자신이 원하던 바를 아이가 성취했다고 아이가 정말로 행복할 것이라는 순진한 생각을 포기해야 한다. 우리 자신을 보면 알 수 있듯이 부모가 바라던 모습과 우리의 모습이 다르다. 아이의 능력을 키워야 하는 것은 맞다. 그렇지만 그 능력은 억지로 우겨서 아이에게 집어넣는 것은 아니다. 아이 스스로 찾아서 먹어야 아이는 자랄 수 있다. 나무가 자라길 바란다면 물을 줘야지, 커지라고 잡아 뽑아서는 안 된다.

"모든 아이는 천재다"

다만 무엇을 잘하는지 아직 발견하지 못했을 뿐이다. 그것이 많은 사람들이 천재에서 바보로 살아가는 이유이다. 아이가 나무에서 행복한지, 물속에서 행복한지 알게 된다면 모든 아이는 천재가 될 수 있다. 당신 아이는 어디에서 행복한가?

"아이의 소질을 키우자."

　세상 모든 엄마들은 거짓말쟁이라고 했다. 내 아이만큼 특별하게 보는 엄마들의 모습을 표현한 것이다. 세상 모든 아이들은 저마다 소질을 한 가지씩은 가지고 태어난다. 부모의 역할은 아이가 가지고 있지 않은 것을 키워주는 것이 아니라, 아이가 갖고 있는 재능을 크게 싹 틔우도록 돕는 것이다

02 가능성을 펼칠 환경을 만들어줘라

가정은 삶의 보물 상자가 되어야 한다.
– 코르뷔제

엄마는 아이에게 가장 중요한 최고의 환경이다

이론적으로 가능성의 범위를 정하는 것은 유전이지만 최종 결과는 환경이 정한다. '아이에게 가장 중요한 환경'은 무엇일까? 수 세기를 거쳐도 변하지 않고 돌아오는 답은 바로 '엄마'다.

아이의 성향과 스타일에 따라 각자 만들어주어야 할 환경은 하늘의 별처럼 각양각색일 것이다. 하지만 어디에 사는지, 어떤 공부를 얼마나 하는지는 중요하지 않다. 엄마의 올바른 교육 가치관과 아이에 대한 사랑이, 아이가 무엇이든 잘하고 싶게 만들고, 열심히 하고 싶게 만든다. 즉 동기 부여가 된다. 결국 엄마가 누구냐는 것이다.

가능성 있는 아이를 키우기 위해서는 가능성의 기초가 되는 애정과 통제가 필요하다. 즉, 두 얼굴의 엄마가 되어야 한다. 애정은 정서적인 안정감을 주고, 통제는 자기 조절력을 길러준다. 애정과 통제가 없으면 밑 빠진 독에 물붓기와 같다.

우리가 자녀교육에서 착각하는 것은 '내가 완벽한 부모여야 한다.'라는 생각이다. 내가 완벽해서 아이에게 꾸중도, 화도 안내고 자녀 교육서에 쓰여 있는 대로 완벽하게 로봇처럼 하는 부모가 100% 부모라고 착각한다. 나도 이 책을 쓰고 있지만 그대로 못한다. 그렇게 안 된다. 그렇게 못하는 것이 당연한 것이다. 자녀교육의 문제는 나와 내 자식과의 문제가 아니다.

'내 자식을 어떻게 잘 기를까?'

그것이 자녀교육이 아니다. 내 자식을 위한 것이 아니라, 내 자신이 내가 원하는 최고의 모습으로 다가가는 것이다. 내가 최고의 모습으로 다가가려고 노력하는 모습을 내 자식에게 보여주는 것! 그것이 자녀 교육이다. '공부 열심히 해라', 'TV 보지 말아라' 이것은 교육이 아니라 잔소리다.

아이들은 말로 배우지 않는다. 행동으로 배운다. 우리나라 말에 '보고 배운다.'라는 말이 있다. 부모가 하는 것을 보고 배우는 것이다. 이것은 생물학적으로 증명된 바 있다.

우리의 두뇌는 거울 신경세포라는 것이 있다. 이것은 우리 신경세포의 20% 이상을 차지하고 있다. 거울 신경세포란 우리 두뇌에 거울이 하나씩 있는데, 이것은 부모, 다른 사람들이 하는 것을 보고 내 두뇌에 반사가 되어서 그대로 똑같이 한다는 것이다. 아이들이 부모들이 하는 행동이나 말, 감정들이 두뇌 안에 그대로 복사되는 것이다. 그래서 부모가 하는 대로 보고 베낀다. 그래서 부모는 자녀의 환경이다.

잠재력은 성취감을 먹고 자란다

아이들은 여러 가지 시행착오를 통하여 유능감이 생기면 두뇌가 발달한다. 보행기의 걸음과 넘어져 보면서 걷는 것은 다르다. 인간은 결국 아무도 없는 벌판에 버려진 순간 잠재능력이 발휘된다. 아이들도 내가 믿을 것이 아무도 없이 혼자 버려졌을 때 가능성을 찾게 된다. 홀로 남겨진 아이들에게 그 다음부터 일어난 일들은 성취감으로 달려온다. 잠재력이라는 것은 계속적으로 성취감을 먹고 자라는 하나의 파워다.

인생에 있어서 가장 아름다운 것은 자기에게 숨겨진 잠재력을 끊임없이 탄광처럼 캐내가는 것이다. 거기에 어떤 보물이 있을지 모른다. 아이들은 홀로 섰을 때 자기에 대한 사랑, 긍정능력이 생긴다. 그 상황을 만들어야 한다. 그 상황이 없으면 만족감도 성취감도 없다. 물건 하나를 고르는데도, 자신의 진로를 정하는 일에도, 결정 장애를 보이는 이면에는 남들이 알아주기를 바라는 마음이 있다. 누군가에게 인정을 받아야만 하는 심리가 깔려 있다. 자기를 사랑하면 결정능력이 극대화 된다. 스스로 서 있고 스스로 결정한다는 것은 멋있는 일이다.

즐겁게 몰입할 수 있는 환경을 만들어라

아이들은 세상이 돌아가는 이치를 놀이를 통해 깨닫고, 이를 바탕으로 새로운 가능성을 상상해내곤 한다. 놀이는 우리의 본성인 동시에 내적 동기를 제공하는 좋은 도구이다. 하지만 많은 부모들이 잘못된 극성을 부린다. 배워야 할 것들을 넘쳐나게 나열하고, 부모의 자아실현을 위해 때와 장소를 가리지 않고 가슴이 아닌 머리로만 꽉꽉 밀어 넣는다. 오히려 역효과를 조장하는 경우도 있다. 결국 자기주도성을 키워주는 것도, 가로막는 것도 바로 부모다. 언제 어디서든 비서 노릇을 자청해 엄마가 주도적으로 움직이는 행동을 하지는 않는지 돌아보아야 한다. 이러한 행동 하나하나가 혹시 아이의 자기주도성을 갉아먹고 있는 것은 아닌지 살펴봐야 한다.

아이의 열정을 발견하는 일이 무엇보다 중요하다. 아이들은 부모의 말과 눈빛에 함께 반응하고 질책에는 크게 상심하는데, 지나친 기대나 부담은 오히려 독이 될 수 있다. 아이가 좋아서 몰입하는 일은 한 발짝

결정 장애를 보이는 이면에는
남들이 알아주기를 바라는 마음이 있다.
누군가에게 인정을 받아야만 하는 심리가 깔려 있다.
자기를 사랑하면 결정능력이 극대화 된다.

떨어져서 스스로 해낼 수 있게 기다려주고 지켜봐주되 도움을 요청할 때는 적극적으로 지원해야 한다. 그러기 위해서 부모는 참을성 있게 아이의 성장을 기다리되 관심의 끈을 놓아서는 안 된다.

세계적 리더들은 하나같이 말한다.

"중요한 것은 몰입했던 경험이 얼마만큼이냐지, 무엇에 몰입했느냐가 아니다."

그러나 아이들은 자신의 희망과 꿈이 무엇인지 알기도 전에 부모를 위해 너무나 많은 것들을 배우고 씹어 삼키느라 '배움의 소화불량' 상태에 걸려있다. 하나에 진득하게 푹 빠져 몰두하기에는 아이들이 너무 바쁘고 할 일도 참 많다. 배움에 배고파하는 아이로 키우기 위해서는 즐겁게 몰입할 수 있는 환경을 만들어주어야 한다.

더 늦기 전에 '꿈이 뭐니?' 하고 물어라

아이가 엄마가 가라는 방향으로 기대에 맞춰 열심히 살았고 좋은 대학도 들어가고 번듯한 직장에도 들어갔다. 그런데 어느 순간 아이가 말한다.

'진정 내가 원하는 일은 따로 있다.'

'이 길이 나의 길이 아닌 것 같다.'

비상사태다. 나는 상담하면서 실제로 이런 사람을 만난 적이 있다. 아이에게 책을 사주고 싶은데 남편이 직장을 그만둔 상태여서 경제적으로 부담이 된다는 엄마가 고민을 토로해왔다. 남편은 평생 모범생으로 자라왔고 대한민국에서 누구나 갈망하는 대학을 나와 안정적인 직장에 취직을 했다. 하지만 부모나 학교가 시키는 대로 해서 배웠던 것과는 달리, 사회에서 부딪치는 일들이 이 아버지에게는 엄청난 스트레스로 다가왔던 모양이다. 결국 다니던 직장을 그만 두고 자신이 원하는 일을 찾기 위해 다시 공부를 시작했다는 것이다.

나는 엄마의 용기에 칭찬을 해주었다. 40세 이전에 자신에게 꿈을 물어본다는 것은 천만다행한 일이기 때문이다. 대한민국 어른들의 어린 시절 꿈은 누구나 좋은 대학에 가고, 좋은 남자를 만나 현모양처로 살아가고, 좋은 아이를 낳아 좋은 학교에 보내고, 좋은 직장에 들어가게 하고, 높은 연봉에, 남부럽지 않은 결혼….

물질적이고 세속적인 대한민국 성인들의 꿈. 그래서 심한 경쟁과 선행이 시작된다. 어른들은 똑같은 꿈을 가지고 있는데 아이들은 꿈이 다 다르다. 그래서 거기에서 오는 괴리감도 크다. 대부분 어른들은 욕심을 꿈이라고 착각한다. 그래서 아이들에게 '꿈이 뭐니?' 라고 물으면 자신의 의사와 상관없이 꿈을 세뇌당하는 아이들은 직업을 이야기 한다. 꿈은 명사로 꾸는 것이 아니라 동사로 꾸는 것이다.

'무엇을 하고 싶은가?'

자기 인생을 스스로 주도하도록 키워라

주변을 보면 몸이 아파 쓰러질 것 같아도 '숙제는 꼭 봐줘야 해!', '준비물은 꼭 챙겨줘야 해!'라는 엄마들이 있다. 비장하게 미션을 완수하려는 부모들이 많다. 하지만 한두 번쯤은 숙제를 못 해 가도, 준비물을 못 챙겨 가도 아이 인생에 그렇게 큰일은 아니다. 오히려 조금의 빈틈도 허락하지 않는 부모의 여유 없는 마음이 더 큰 문제다. 많은 지식과 경험을 해주겠다는 생각에서 아직 준비도 되지 않은 아이를 '실험 대상'으로 만들어버리는 경우가 많다. 우선 가르치는 목적을 확고하게 정해야 한다. '그래, 이제 멈추자!'를 외치는 과감함도 필요하다. 아무리 부모 눈에는 예뻐 보이는 옷이라고 해도 아이에게는 불편하고 부담스러울 수 있다는 사실을 기억하자. 작은 그릇에 많이 담지 말자. 주도성이 강한 아이는 흙으로도 금 수저를 빚는다.

'좋은 엄마'의 기준은 무엇일까? 아이가 평가하는 '좋은 엄마'와 자신이 평가하는 '좋은 엄마'는 과연 같은 모습일까? 이 둘이 일치할 수는 있는 걸까? 다들 '좋은 엄마'가 되고 싶다고 말하지만 그 기준이 막연하고 관점도 제 각각이다. 그렇다고 해서 아이를 대상으로 시행착오를 반복하기에는 엄마들에게 주어진 기회가 많지 않다. 그러다보니 '과연 내가 잘 하고 있는 걸까?' 하는 불안감을 갖게 된다. 내 아이를 제대로 알고 사랑하고 싶다면 아이의 강점에 주목해보자. 자기주도성, 자존감, 자기조절력을 중심으로 아이의 가능성을 열어주는 거울로서의 엄마역할에 최선을 다해야 한다.

 엄마, 이렇게 생각해보세요

"아이의 가능성을 최고로 키우려면 어떻게 해야 하지?"

아이의 발달단계에 맞게 그때그때 필요한 교육을 해줘야 한다. 그 시기를 너무 빨리 앞당기거나 놓쳐버리면 아이가 힘들어진다. 아이의 결정적 시기는 초등 전 몇 년이 효과적이다. 결정적 시기에 자극 받으면 본능적으로 습득한다.

막연하게 기대하지 말고
아이를 믿어라

가정에서 행복해지는 것은 온갖 염원의 궁극적인 결과다.

— S. 존스

엄마의 시선과 말이 아이를 키운다

엄마 품을 떠나기 전까지 자녀라면 늘 엄마의 말을 듣고 살아야 한다. 잔소리든 칭찬이든, 매일 먹는 끼니처럼 엄마의 말은 그렇게 아이를 키운다. 대통령의 말보다도, 선생님의 말보다도 엄마의 말이 아이에겐 가장 큰 영향을 끼친다. 그런데 세상을 보는 엄마의 눈이 부정적이라면 어떻게 될까?

"네가 하는 일이 매번 그렇지."

"넌 누구를 닮아서 그 모양이니?"

"이젠 기대도 안 한다."

이런 말을 들으면 아이는 처음엔 아니라고 부정도 해보지만 어리고 약하기에 서서히 그 말이 옳은 것이라고 믿게 된다. 그리고 신기하게도 그 말대로 되어간다. 반대로 아이가 아무리 많은 실수를 하더라도 격려한다면 어떤 일이 벌어질까?

"엄마는 널 믿어, 넌 큰 인물이 될 사람이야."

매일 매일 성장하는 기적이 일어난다. 세상에는 두 가지 삶의 방식이 있다. 세상에 기적은 없다는 듯 사는 것과 세상 모든 것이 기적인 것처럼 사는 것이다.

현실이 된 것처럼 상상하라

인간은 두 가지 의식을 가지고 있다. '현재의식'과 '잠재의식'이다.

현재의식은 이성과 감각이라는 도구로 외부 세상을 인식한다. 감각은 난로의 따뜻함을 느끼고, 이성은 그 따뜻함 때문에 행복하다고 말한다. 감각은 배가 고픈 것을 인식하고, 이성은 무엇을 먹어야겠다는 생각을 하며 식사 계획을 세운다.

반면에 잠재의식은 현재의식과 다른 것을 인식한다. 우리의 내면이다. 진심으로 사실이라고 받아들인 것만을 대상으로 인식한다. 달리 말하면 믿음을 인식의 대상으로 한다.

이것만 보자면 삶을 결정해왔고, 앞으로 삶을 결정할 것도 현재의식인 것처럼 느껴지지만, 현대 과학은 스스로 자유롭다고 생각하며 내리는 현재의식의 결정 배후에는 잠재의식이 숨어 있다고 말한다. 오히려 잠재의식이 삶을 좌지우지하고 있다고 주장한다.

현대과학은 뇌에 대한 연구를 통해 "뇌는 상상과 현실을 구분하지 못한다."는 사실을 밝혀냈다. 그래서 내가 신 레몬을 먹는다고 상상하면 실제 신 것을 먹을 때 활성화되던 뇌의 부위가 똑같이 활성화 된다. 뇌가 착각을 일으키는 것이다. 그래서 세상에서 내가 현재 어떤 위치이고 어떤 모습인지와는 관계없이 다른 현실과 다른 자신의 모습을 받아들일수 있다는 것도 증명됐다.

반드시 이성과 오감이 주는 정보만을 받아들이지 않아도 된다는 가능성은 우리가 잠재의식을 우리의 뜻대로 바꿀 수 있다는 의미도 된다. 일상에서 잠재의식이 변화되는 방법은 지속적인 암시를 통해 이루어지는 것과 일정한 경험이 축적되어 이루어지는 것이 있다. 그 변화를 일으키기 위해서는 매우 반복적인 경험이나 암시여야 하고, 그 변화 또한 매우느려 체감하지 못할 정도의 속도다.

일상생활에서 잠재의식의 변화는 이렇게 더디고 잘 이루어지지도 않는다. 그렇다면 이것을 역으로 생각해보면 한 번 굳어진 잠재의식은 쉽게 변화되지 않는다는 이야기가 된다. 특히 어렸을 적에 받아들인 생각은 나이가 들어도 쉽게 변화되지 않는다는 것을 우리는 경험적으로 알고 있다. 그래서 사람들은 어렸을 적에 어떤 환경에서 어떤 이야기를 들으며 사느냐, 하는 것은 앞으로 인생을 살아가면서 중요하다고 이야기한다.

아이들은 잠재의식에 더 쉽게 반응한다

그런데 왜 유독 어린 시절을 말할까? 그 이유는 어릴 적에는 자신이 겪은 경험이나 이야기를 금방 사실로 믿어버리기 때문이다. 다른 식으로 표현하자면 선입견이 없기에 나이가 들었을 때보다 잠재의식의 수용성이 훨씬 크다. 그래서 어렸을 적에 부모가 싸우는 모습을 보면서 살았던 사람은 가정에 대한 믿음을 회복하는 것이 쉽지 않다. 돈이나 성공에 대한 부정적인 이야기를 많이 듣게 된다면 그런 선입견도 쉽게 버릴 수가 없다.

어쨌든 나이가 들어서 한 번 사고 체계가 단단하게 굳어진 후부터는 믿음이 쉽게 변화되지 않는다. 점점 더 자신의 이성과 감각에 의존하게 되는 비율도 높아져서 누군가가 새로운 사실을 말한다고 해도, 자신의 이성에 비추어 아니라고 생각한다면 더 이상 말할 여지조차 주지 않는다. 그래서 나이가 들어 몸이 굳어지는 것처럼 자신의 선입견도, 잠재의식도 계속해서 단단히 굳어진다.

부모의 막연한 기대는 아이에게 스트레스를 준다

우리는 자식에 대한 '기대'와 '믿음'을 자주 혼동한다. '큰 인물이 되기를 바란다.'라는 기대의 말과, '너는 이미 큰 인물이야.'라는 믿음의 말은 어마어마한 차이가 있다. 기대의 말을 잠재의식은 결핍으로 받아들여 외부의 변화를 일으키지 않지만, 믿음의 말은 소망이 이루어진 상태에서 보고 느끼기 때문에 속아 넘어간 잠재의식은 현실을 만들어간다.

영조는 나이 마흔에 사도세자를 얻는다. 당시 보통 7~8세에 세자 책봉을 했다면, 영조는 돌이 지난 아들을 세자로 임명한다. 아들에 대한 믿음이 없이 일방적으로 기대를 가진 것이다. 사도세자는 자라면서 영조의 기대의 말로 자존감이 얼마나 낮아졌겠는가? 비록 왕자지만 기대밖에 받은 게 없었을 것이다. 하지만 영조는 착각을 한다. '너는 나의 믿음을 저버렸다.'라고. 하지만 사도세자는 영조의 믿음을 버린 게 없다. 기대만을 저버렸을 뿐이다.

부모의 막연한 기대는 아이의 스트레스를 가중시킨다. 믿음과 무슨 차이가 있을까?

'너는 남들보다 똑똑하고 내가 다른 부모보다 열심히 지원하니까 넌 좋은 대학에 갈 수 있을 거야.'

앞에 두 가지 전제가 붙는다.

'너는 남보다 더 똑똑하고', '남들보다 더 지원해주니까' 이 두 가지는 비교다. 그리고 '좋은 대학에 갈 거야.'는 결과다. 이렇듯 기대는 비교와 결과로만 이루어진다. 상대방과 비교하면 오로지 결과로만 평가하게 된다.

아이가 스스로를 믿을 수 있게 하라

믿음은 뒤에서 묵묵히 자식을 바라보고, 과정을 지켜봐주는 것이다. 아이들에게 장기적인 요인을 던져주고, 아이가 해낼 것인지 아닌지 노심초사 하지 않아야 한다. 그 과정 뒤에서 묵묵히 지켜봐주면 아이들은 안다. 아이는 부모가 믿어주는 만큼 자신이 성장할 수 있다는 것을.

성적 부진의 80%가 지능이나 학습능력이 아니라 감정상의 문제라고 하는 학자들도 있다.

우리는 알파고가 아니다. 알파고가 바둑을 못 두는 이유는 지력이나 학습능력이 떨어지기 때문이다. 이세돌은 한 수 한 수 둘 때마다 감정의 기복이 생긴다. 알파고가 실패한 이유는 지력과 학습능력이 떨어지

믿음은 뒤에서 묵묵히 자식을 바라보고,
과정을 지켜봐주는 것이다.
아이들에게 장기적인 요인을 던져주고,
아이가 해낼 것인지 아닌지 노심초사 하지 않아야 한다.

기 때문이지만, 이세돌이 실패한 이유는 지력과 학습능력의 문제가 아니라 감정의 문제다. 감정이 끊기면 지능도 끊긴다.

자녀들이 어렸을 때에는 하루가 다르게 옹알이에서 말을 배워가는 모습을 지켜보면서 부모 된 기쁨과 보람을 느낀다. 그러나 한 살 두 살 자녀가 자라면서 자신의 주장하는 영역이 넓어지고 주장의 강도도 커지게 된다. 그만큼 자녀의 자아가 형성되고 있는 것이다. 한창 사고력과 판단력이 급성장하는 시기에 말 한마디도 신중해야 함은 두 말할 필요가 없다.

때로는 부모의 말 한 마디가 자녀의 미래에 희망의 원동력으로 작용도 하지만 무심코 던진 한 마디로 인해 평생 마음에 씻을 수 없는 아픔으로 자녀의 미래를 망쳐놓기도 한다. 그만큼 말은 중요한 것이다. 우리 조상들은 그런 중요한 말 하 마디의 의미를 '말 한마디로 천 냥 빚도 갚는다.'라고 했다.

생각이 말이 되고, 말이 행동이 되고, 행동이 습관이 되고, 습관이 성격이 되고, 성격이 운명이 되어 우리의 삶을 결정짓는다.

엄마의 생각이 말이 되어 아이를 만들어간다. 말은 파동과 파장으로 움직여 놀라운 힘을 보여준다고 한다. 그래서 엄마의 말은 요술램프에서 쏟아져 나오는 마법과 같다.

엄마, 이렇게 생각해보세요

"대화지능을 기르자."

사람간의 관계를 연결하고, 함께 성장으로 이끄는 유일하면서도
가장 중요한 지능이다. 허투루 내뱉는 말은 허공에 사라지고 만다.
하지만 간절한 마음을 담은 말에는 에너지가 응축되어 있다. 말은
현실을 바꾸게 하는 힘을 가지고 있다

.

04   스스로 성장하는 법을 알려줘라

아이를 키우며 자기 자신을 성찰하라

교육을 한다는 것은 어떤 식으로든 인간을 성장시키겠다는 것이다. '우리는 제대로 성장하고 있는가?'를 고민해본다. 아이를 낳고 난 비로소 어른이 되었다고 생각했다. 모든 과정을 다 완수했다는 느낌이었다. 하지만 그런 기분도 얼마가지 않아 너무나 작고 부드러워 만지기 초차 어려운 아이를 들고 쩔쩔 매었다. 지금 생각해보면 엄마가 된 것이지 어른이 된 것은 아니었다. 내가 어른이 되었다고 느꼈던 것은 '이 아이를 어떻게 어른으로 성장시킬 것인가?'를 고민하는 순간이었다.

그때 알았다. 어른이 된다는 것은 책임을 진다는 의미였다. 아이를 잘 키우기 위해서 아이는 보지 않고 책만 열심히 들여다봤던 내 모습은 어른의 모습이 아니었다는 것을 한참 지나서야 알게 되었다. 유난히 어렵다고 느꼈던 내 아이 육아는 나의 결핍을 해소할 수 있었던 절호의 기회였다. 아이에게 내가 짜증내는 모습은 내가 엄마에게 어떻게 못 받았는가를 이야기하는 것이었고, 내가 아이에게 무엇을 요구하는 모습은 내가 무엇을 못 받았는지를 알게 했다. 내가 아이에게 무엇을 요구하는 것도 역시 나의 어떤 결핍을 이야기하는 것이었다. 아이만 키우는 것이 아니라 아이를 키우면서 나의 결핍이 무엇이고 나의 왜곡이 무엇인지를 성찰할 수 있다면 그 아이도 잘 성장할 수 있다.

아이 교육은 엄마들 패자부활전이 아니다!

요즘 아이들 교육시키는 것이 엄마들 패자부활전이라는 이야기들을 한다. 지금 우리 아이들 세대들은 인류 역사 이래 부모의 기대치 수명보다 짧은 세대라는 보고가 있다. 패스트푸드에 들어있는 변형지방 때문에 살이 찌는 아이들, 앉아있는 시간이 너무 많아 운동부족으로 소아당뇨, 소아비만, 스트레스로 인한 틱 증후군, ADHD 증후군 등 아이들 수명을 단축시키는 요소들이 널려있다.

공교육에 인정받기 위해 초등학교 2학년 아이가 학원을 무려 11개를 다니는 아이를 본 적이 있다. 이 아이가 다니는 11개 학원 어느 것에도 공교육이 하는 교과서 공부는 없었다.

아이를 낳았으나 어떻게 키울지 몰라서 아이는 보지 않고 책만 읽어대는 모습과 다르지 않다. 결국 아이를 어른으로 성장시키기에는 뭔가 결핍이 많은, 우리의 모습들을 한 숨 고르고 천천히 더듬어가야 한다.

많은 사람들은 자기 삶에 대한 보상을 원한다. 부모의 아이에 대한 보상 심리는 굉장히 위험하다. 세상에 보상을 요구하는 관계는 없기 때문이다. 각 개인마다 성격이 다르고 성장배경이 다르고 부모님의 관계가 달랐고, 다른걸 보고자란 우리다. 본질에 대한 관심으로 다시 돌아와야 한다. 아이들의 인지지능이 아무리 커도 어른이 안 된다면 무엇 할 것인가?

아이의 성장을 보면서 엄마도 성장하라

아이들 성장과정을 보면서 우리도 미쳐 결핍된 어떤 것들이 있다면 우리도 다시 재성장 해야 한다.

자녀를 직접 가르칠 때, 잘 가르친다는 것은 100명 중의 99명은 어려운 것 같다. 적어도 내 경험으로는 그렇다. 내 자식한테 공부를 가르치는데 아이가 하나를 알고 하나를 모를 때 엄마의 감정은 극에서 극으로 달한다. 아이가 하나를 알면 정말 뛸 듯이 기뻐하며 '우리 아이가 똑똑하구나, 나중에 성공하지 않을까?'라고 생각한다. 반대로 하나를 틀리면 '우리 아이가 바보 아니야?, 나중에 먹고 살기도 힘들 거 아니야?' 라고 생각한다.

엄마이기 때문에 복잡한 감정이 드는 건 당연하다. 내 아이 공부를 차분하게 감정적으로 동요하지 않고 가르치겠다는 목표 자체가 비현실적이다.

엄마가 아이를 가르치는 순간 엄마니까 내 아이를 비교하는 상황 자체가 자녀와의 관계에 해가 된다. 엄마라면 아이에 관해서 만큼은 빈 공간 없이 박스에 가득 채워주고자하는 마음이 본능이다. 하지만 그러한 상황은 새로운 활동을 통해서 아이가 원하는 성공을 얻는 것이 불가능하다. 아이의 삶에서 불필요한 것들을 제거하여 공간을 확보하는 것이 가장 중요하다.

약점을 보완하고 강점에 집중하라

좋은 나무를 만들기 위해서는 나무를 촘촘히 심는다. 광합성을 잘 하게하기 위해 위로 자라는 나무를 만든다. 그런 다음 15년 이상 된 나무를 미래목과 제거목으로 분리시켜서 밀도를 낮춤으로써 남은 나무의 생장을 촉진시키기 위한 작업을 한다. 공간이 생겨서 그 때부터 나무는 옆으로 큰다. 이런 나무는 보통의 나무 나이테보다 3배 차이가 난다.

많은 것을 가지기보다 공간을 확보하는 것이 더 큰 성과를 도출할 수 있다.

지혜로운 엄마라면 내 아이의 강점을 구체적으로 발견하고 키워나가는 선택이 필요하다. 강점이란 어떤 일을 성취해 나가는 데 필요한 나의 성격이나 특징 같은 것을 말한다. 즉, 한 가지 의미 있는 일을 일관되게 완벽하게 해내는 능력을 말한다.

다른 아이에게 뒤처지지 않으려는 엄마들의 불안 심리는 아이의 강점과 약점을 구분하는 눈을 가리게 한다. 방과 후 아이들의 스케줄은 공장에서 찍어낸 것처럼 대한민국 아이들 대부분이 똑같다. 피아노, 미술, 태권도….

그런데 신기하게도 모두 비슷한 학년에 그만 둔다는 것이다. 피아노에 흥미가 없는 아이들도 남들이 다 배우니까 불안해서 다니고, 모두들 다니는 태권도학원을 내 아이만 안하고 있으면 또 불안하고, 미술도, 독서도 마찬가지다. 결국 그렇게 많은 시간들을 투자해도 악기 소리를 느낄 줄 모르고, 좋아하는 화가도 없으며, 책과는 담을 쌓는 아이들.

약점을 보완 한다고 강점이 생기는 것은 아니다. 강점에 집중하고 약점은 문제가 되지 않도록 보완해야 한다. 내 강점을 확인하게 되면 그 강점을 극대화하고 경쟁에서 이길 수 있는 능력이 생기고, 남들과 다른 탁월함 까지 갖게 된다.

강점을 발견하는 방법은 여러 가지 진단을 통해서 가능하다. 인터넷에 '강점 진단'이라는 키워드만 눌러도 무료진단을 이용할 수 있고 약간

강점이란 어떤 일을 성취해 나가는 데 필요한
나의 성격이나 특징 같은 것을 말한다.
즉, 한 가지 의미 있는 일을 일관되게
완벽하게 해내는 능력을 말한다.

의 돈을 투자해서 할 수 있는 진단도 있다. 하지만 대부분의 엄마들은 진단을 아이에 대한 평가라고 생각해서 꺼려한다. 내 경험상 이런 진단들을 유아시절부터 정기적으로 꾸준히 해온 엄마들을 보면, 시간은 좀 걸렸지만 결국 아이의 강점과 약점을 정확히 알고 있었기 때문에, 사춘기 이후 아이 진로에 엄마가 상담자 역할을 할 수 있었다. 엄마가 계속 아이의 보호자 역할에만 머물러 있다면 아이는 성장과 독립의 기회를 박탈당하게 된다.

지식보다 성장을 꿈꾸는 아이로 키워라

우리 부모 세대들은 마음껏 공부한 세대가 아니다. 평생 동안 사회적 등급이 자신을 따라다닌다는 상대적 박탈감을 가지고 있다. 그래서 어릴 때부터 가능한 많은 것을 가르치려 했고, 온갖 조기교육과 조기유학에 막상 받는 아이들은 힘들고 분노해 했다. 그렇게 부모로부터 배운 2세대역시 자신의 교육철학을 가질 여유도 열띤 경쟁에 뛰어든다.

2010년 인기 있을 최고 10개의 직종은 2004년에 없었다. 우리는 현재 있지도 않을 직종을 위해 아이들을 육성하고 있다. 아이들에게 더 이상 '의사가 되라.', '판사가 되라.' 이런 말은 하지 않아도 된다. 미래에 인기 있을 직종은 아직 이름도 지어지지 않았다.

미국 노동부 발표에 의하면 오늘 현재의 학생들이 38세가 되기 전까지 10~14개의 일들을 가질 수 있다고 추정한다. 4명 중 1명은 1년 만에 직장을 옮기고, 2명 중 1명은 5년 내에 직장을 옮겨야 한다. 결국 끊임없이 배우고 끊임없이 자신을 성장시키는 능력이 필요하다.

배움의 즐거움을 알고 자신의 성장을 꿈꿀 수 있는 아이로 만드는 일이 지식을 가르치는 일보다 우선 되어져야 한다. 부모가 가르쳐야 할 것은 이 두 가지다.

인디언들은 말을 타고 달리다 멈춰서 뒤를 돌아보는 습관이 있다고 한다. 빠른 속도로 달리다 보면 몸과 영혼이 분리되어 그 상태로 계속 달리면 죽는다고 생각한다. 영혼이 쫓아오는 시간을 주기 위해서, 죽지 않기 위해서 그들은 뒤를 돌아본다는 것이다. 이들의 지혜와 철학이 놀랍다. 아이의 영혼이 쫓아오는 시간을 주자. 그 안에서 엄마의 성장도 이루어진다.

 엄마, 이렇게 생각해보세요

"똑똑한 엄마라고 착각하지 말자."

엄마가 자신이 똑똑하다고 여기는 순간, 자녀의 자유로운 사고에는 독이 되는 경우가 많다. 고등교육을 받은 엄마들일수록 따뜻한 가슴보다 차가운 머리로 키우는 경향이 강하다. 엄마 스스로 자신의 내면을 점검하고, 건강하고 독립된 자신으로 회복해야 한다.

---

05 스트레스를 이겨내도록
마음을 읽어줘라

인생에서 원하는 것을 얻기 위한 첫 번째 단계는
내가 무엇을 원하는지 결정하는 것이다.

– 벤 스타인

지시가 아니라 감정을 주고 받는 대화를 하라

아이를 키우면서 부모는 다양한 감정을 느낀다. 사랑, 기쁨, 행복만을 느낄 수는 없다. 감정은 다양한 경험을 할 수 있게 도와주는 고마운 것이지만 잘 다스리지 못하면 위험해진다.

엄마가 자녀를 키우면서 자주 경험하는 감정이 '화'다. '참자.', '참자.'가 한꺼번에 폭발해서 화풀이 하는 경우가 많다.

부모는 아이에게 가장 좋은 것으로 행복하게 만들어주고 싶어 한다. 좋은 옷, 좋은 음식, 고성능 컴퓨터…. 물질적으로 행복하게 해준다고 아이는 행복한가? 감정이 행복하지 않으면 행복하지 않다. 감정을 다룰 수 있는 기술을 가르쳐주고 도와줘야 한다.

　감정을 다룰 줄 아는 아이는 뭐가 다를까? 감정을 잘 관리하는 아이들은 자존감이 높고, 힘든 상황에서 자신과 긍정적으로 소통해 더 많이 행복해진다. 리더십을 잘 발휘하고 더 건강하다. 반대로 감정을 잘 관리하지 못한 아이들은 감정이 실타래처럼 엉켜 있다. 무슨 감정을 느끼는지도 모르고 충동적이 된다. 결국 '나는 쓸모없는 아이야.'라고 생각하고 자존감도 낮아진다. 주변에 신경이 예민한 사람치고 건강한 사람이 없다. 감정이 안정적인 아이들은 면역 활동에 관여하는 T세포가 활성화된다. 자녀의 몸이 약해질 때, 약을 먹는 것도 중요하지만 아이의 감정 상태를 파악하는 것이 더 중요하다.

　남편을 남만큼 배려한다든가 아이를 옆집 아이만큼 배려하기는 훨씬 수월하다. 우리는 다른 사람에게는 기분 나쁘다고 절대로 함부로 하지 않는다. 기분에 따라 마음대로 하는 이유는 가족이니까 이해해 줘야 한다고 생각하기 때문이다. 꼼꼼하게 따지고 보면 가까운 사이일수록 배려하지 않고 감정대로 하는 경향이 심하다.

　아이들과 정말 필요한 소통과 대화는 없다. '밥 먹어라.', '숙제해라.', '씻어라.', '먹었으면 치워야지.' 우리는 가까운 사이만큼 대화보다 일상

회화를 많이 한다. 회화 이상의 대화라는 것은 보통 서로의 이야기를 주고받을 때 감정을 주고받느냐 아니냐의 차이가 있다.

어렵고, 당장 효과가 나오지도 않는 감정 읽어주기

책이나 각종 매스컴에서는 아이의 감정을 읽어주라고 한다. 누군가 내 마음을 알아주는 경험을 안 해본 엄마세대들 대다수가 이 부분에서 한없이 약해진다. 내 마음을 알아준다는 말만 해도 울컥 한다.

'나 그때 정말 속상했는데, 우리 엄마가 그걸 안 알아줬어. 내 아이의 마음은 내가 알아줘야지.'

하지만 '아이 마음을 알아주자, 알아주자.' 하다가 또 다시 버럭 한다.

감정을 읽어주면 원하는 결과가 안 나오는 경험을 우리는 많이 한다. 그래서 지치고 포기하다 결국 유순하고 낭만만 알던 순진하고 여리던 처녀가 어느덧 말투가 거칠어지고 극악스러운 아줌마로 변한다.

마음 읽기 대화의 3가지 요소

생활 속에서 많은 상황들은 마음 알아주기가 우선적인 상황이 아닌 경우가 많다. 엄마들이 마음이 나빠서가 아니라 빨리빨리 해결하고, 결정하고, 지시해야 될 일들이 너무 많다.

마음을 알아주는 것이 대화의 기본이다. 그 대화를 하는 데 있어서 우리가 중요하게 다뤄야 할 3가지가 있다.

첫째, 마음은 읽어주되 행동은 통제한다.

감정을 교류하는 대화는 반드시 필요하지만 모든 상황에서 감정을 읽어주는 것은 아니다.

'숙제하기 싫어!', '피곤하고 숙제하기 싫겠다.' 여기까지는 마음을 읽어주는 것이다. '그런데 지금 해야 돼.' 통제가 따라야 한다. 머릿속으로부터 마음을 감지하되 어떻게 다뤄야 할지를 생각해야 한다. 앞이 길어지면 뒤에 가서 어지러워진다.

둘째, 내용보다 어조에 감정이 달린다.

대화할 때 중요한 것은 그 안에 내용보다, 표정, 어조, 톤, 이런 것이 70%이고 내용은 30%이다. 마음 읽기는 정확하게 상대방의 마음을 알아차리는 것이지 과하게 표현하는 것이 아니다. 엄마가 옆에서 지켜봐주고 인정해줄 때 아이는 마음의 힘을 얻는다. 자기 스트레스 다루는 연습을 그때 한다. 다정하지만 엄격한 어조가 있어야 한다.

한 가지만 가지고 아이를 키울 수 없다. 마음만 읽어주면 아이가 자기 감정을 다스리지 못한다. 반대로 통제만 계속하면 자기감정, 욕구, 동기가 없어진다. 시키는 것은 하지만 시키지 않는 것은 안한다. 자기 삶을 주체적으로 바라보면서 그 끝을 어떻게 가야겠다는 동기가 없다. 나름 아이를 잘 관리한다는 엄마들의 특징은 대부분 감정을 억압한다. 성적은 좋을지 모르나 자기 삶에서 생동감 있는 자발적 에너지가 없는 상태로 커나간다.

셋째, 질문이 없으면 대화도 없고 생각도 없다.

우리에겐 질문보다 답이 익숙하다. 그동안 우리나라 입장에서는 선진국의 문화나 기술을 빠르게 수용하고 익혀서 뭔가 성장을 이뤄내야 했던 시대상황이 있었다면, 지금은 문제의 해결보다 문제의 발견이 더 중요한 시대가 됐다. 남의 것을 빠르게 수용하기보다는 내가 새로운 기회나 뭔가 새로운 문제를 만들어야 한다는 상황에 서 있다. 과거에 답이 중요했다면 이제는 질문이 중요해진 것이다.

주도적이고 능동적인 사람이 질문을 한다. 대화나 어떤 생각은 질문과 답의 형식으로 구성된다. 질문이 없으면 대화도 없고 생각도 없다. 질문 하는 것이 주도적이고 능동적으로 상황을 만들어 가는 것이고, 반응적으로 답만 하는 것은 아무리 스마트하다고 주장할 수 있어도 리더십도 창의성도 없는 것이다.

우리는 대화에 미숙한 세대다. 그야말로 일상 회화만으로 아이들도 잘 키우고, 성공도하고, 부모에게 효도도 한다. 어떤 이야기를 할 때 내가 거기에 실어 보내는 내용과 감정은 다를 수 있다는 것을 중요하게 생각하지 않았다. 그래서 나 자신을 사랑하는 일을 어려워하고 내 감정을 돌보는 것을 사치라고까지 생각한다.

감정이 수용되면 스트레스에 강해진다

부모가 '공부 열심히 해서 좋은 대학에 들어가 좋은 직장 가서 돈 많이 벌어라.' 하는 얘기는 어른들이 세속적이어서 하는 얘기가 아니다. 그렇게 하면 인생에 힘든 일을 덜 겪지 않을까 해서 하는 얘기다. '돈이 좀 많으면 삶을 편안하게 살 수 있지 않을까?', '학력이 높으면 스트레스가 될 일을 덜 겪지 않을까?' 하는 마음이다. 결국 어른들이 아는 방법이 공부 많이 해서 돈 많이 버는 방법밖에 없었던 것이다.

힘든 일이란 마음이 상하는 일이다. 돈이 많으면 마음 상하고 힘든 일이 적을까? 주변에 유난히 스트레스를 많이 받는 사람들이 있다. 별로 걱정할 일이 아닌데 과하게 걱정을 한다든가, 반대로 걱정할 일인데 별로 걱정을 안 하는 사람이 있다. 똑같은 일에 대해서 사람마다 다르게 느낀다. 어떤 일에 부딪쳤을 때 그 일에 대한 내 마음이 결정하기 때문이다.

어림도 없는 세상이 아이들 앞에 기다리고 있다. 안쓰럽다고 계속 대신해주고 피하게 해주면 그 아이는 세상에 들어갈 수가 없게 된다. 어차피 그런 세상에 나가야 된다. 누구한테 맞고, 혼나고 하는 것은 원치 않지만 더 싫은 것은 그런 일을 못 견뎌서 세상에서 도망가는 것이다.

세상에는 힘들고 부당한 일들이 많다. 부당하고 힘든 일이 생길 때마다 '이런 세상에서 살 수 없어', '나쁜 세상이야' 하고 세상에서 도망치면 어디 가서 무얼 하고 살까?

내 감정이 인정받았다고 느낄 때 사람은 여유가 생긴다. 엄마가 애 마음을 달래주는 것이 아니다. 아이 감정을 인정해주면 아이는 자기감정에 압도되지 않고 달래기 시작한다. 그 때 아이는 더 하고 싶은 말들이 생긴다. 내 감정이 인정받고 안전하다고 느낄 때 아이들은 자신의 생각들을 긍정적으로 돌보기 시작한다.

어떤 사건에 화가 날 때 우리는 그 일 때문에 화가 난다고 느낀다. 어느 정도 영향은 미치겠지만 훨씬 더 큰 것은 거기에 대한 우리의 반응이다. 거기서 생기는 내 감정을 얼마나 잘 다스릴 수 있느냐가 우리가 스트레스를 느끼고 그것 때문에 얼마나 힘들어 하는지에 아주 결정적인 영향을 미친다.

엄마, 이렇게 생각해보세요

"듣기만 잘했을 뿐인데!"

  듣는 것은 쉽다. 하지만 '제대로' 듣는 것은 결코 쉽지 않다. 귀에 소리는 들어오지만, 그것이 바로 우리의 뇌와 가슴으로 가지는 않는다. 따라서 듣기위해서는 끊임없는 노력이 필요하다. 매우 쉬운 일 같지만 실제로 제대로 경청하기란 그리 간단하지 않다.

06 자신감을 만드는 용기와
끈기를 심어라

교육은 사람이 타고난 가지에 윤기를 더해준다.

– 호라티우스

자신감은 심리적 체력, 면역력이다

아이가 어릴 때는 정성을 들여서 헌신적으로 보살펴주는 게 사랑이고, 사춘기의 아이들에게는 간섭하고 도와주고 싶은 마음을 억제하면서 지켜봐주는 게 사랑이고, 성년이 되면 자식이 제 갈 길을 가도록 일절 관여하지 않는 냉정한 사랑이 필요하다.

그런데 우리나라 엄마들은 헌신적인 사랑은 있는데 지켜봐주는 사랑과 냉정한 사랑이 없어서 자녀교육에 대부분 실패한다. 불안해서 아이를 잡는다고 내 것이 되는 것은 아니다. 내가 온전히 우리 부모의 것으로 살 수 없는 것처럼. 오히려 놓아줄 때 관계는 이어진다. 언젠가 독립적인 어른으로 부모에게 다시 돌아와야 한다면 일단은 떠나야 한다. 부모가 자식을 사랑할 때와 놓아주어야 할 때를 정확히 아는 지혜가 있을 때, 이것이야말로 성년의 자식을 제대로 사랑하고 성장 시키는 최고의 교육 방법이라고 말하고 싶다. 서서히 떠나가는 아이를 늘 그 자리에서 꾸준히 사랑해야하는 부모의 사랑은 그래서 위대하다.

실존주의 철학자 키에르케고르의『죽음에 이르는 병』이란 책의 마지막 병명은 '절망'이다. 생명이 살아 있고 없고를 떠나 의미론적 세계에서 사망선고를 내리는 것이 '절망'이다.

태어나서 6개월까지를 공생기라고 하는데 이때 아이는 엄마와 한 몸이라는 흔적을 지우지 못한다. 분리를 못 느끼는 혼돈 상태인 것이다. 이때 엄마의 젖 물림은 아이에게 있어서 죽고 사는 문제이기 때문에, 생후 6개월 이내 아이의 엄마에 대한 신뢰는 세상에 대한 신뢰가 된다. 신뢰는 '희망'이라는 가치 덕목을 형성한다. 어른들 관계에서도 마찬가지로 신뢰할 수 있는 관계는 무엇이든 할 수 있다고 생각하듯 신뢰는 '희망'을 갖게 한다.

아이는 엄마와의 신뢰감이 형성되면 세상은 살아볼 만한 것이며 무엇이든지 할 수 있다는 자신감이 무의식적으로 쌓이게 된다. 이러한 베이스가 형성되지 않는다면 어떠한 기교를 위에다 얹는다 해도 잘 되지 않는다. 예방접종만 맞는다고 되는 것이 아니다. 아이에게 심리적 체력과 면역력이 있어야 한다.

긍정적 말이 긍정적 착각을 불러일으킨다

우리의 뇌는 머리 안에 갇혀 있다. 그래서 세상을 모른다. 유일하게 감각센서가 없는 뇌 표면이다. 우리가 수술을 할 때 마취를 하는 이유는 두개골을 열기 위함일 뿐이다. 아무것도 느끼지 못하는 뇌는 오감을 통해서 현실을 인지하기 때문에, 오감을 통해서 세상의 정보를 받아들이고, 그 정보는 패턴으로 처리되어 뇌에 전달된다. 뇌는 패턴을 해석함으로써 현실을 인지할 뿐이다. 그래서 바깥에서 들려오는 엄마의 긍정적인 말은 할 수 있다는 긍정적인 착각을 만든다. 끊임없는 지지와 격려가 아이들의 긍정적 착각을 위해 부모가 할 수 있는 최고의 방법이다.

"엄마, 이거 해봐도 돼?"
"해봐."

아이들에게 이 말만큼 아름다운 말은 없다. 정말 두려운 곳은 우리 아이가 태양을 보지 못하는 사람이 되는 것이다. 스스로가 어둠속에 ,암흑속에, 동굴 안에 갇혀서 도전하지 못하고 항상 걱정과 스트레스에 쌓여 있는 것이 진짜 절망이다. 과한 칭찬과 격려가 필요한 것이 아니고, '안된다'라든지, '틀렸다'라는 말만 안하는 것만으로도 아이의 긍정성을 키워줄 수 있다.

자신감은 경험이다. 이것을 시도해보고 "내가 했어!" 이럴 때 자신감이 생긴다. 경험 없이 생기는 자신감은 없다. 자신감이 생기려면 실패를 하고, 좌절을 하고, 부분 성공을 하다가 성공하는 것이 가장 좋다. 많은 것들을 시켜보고 실패했을 때는 모르는 척 해주어야 한다. 실패에 예민하면 아이는 절대 시도하지 않는다.

엄마가 감정을 개입하지 않고 많은 경험을 하게하고, 한 톤 낮춰서 반응해주는 것이 가장 좋다. 아이들은 스스로를 모르기 때문에 어른이 비춰주는 대로 받아들인다.

독립적인 아이로 만드는 네 가지 방법

모든 교육과 양육은 단계별로 이루어져야 한다. 자신감 있는 아이로 키우기 위해서는 우선 의존형 아이를 독립적인 아이로 만드는 일이 필요하다.

첫째, 그날 하루 아이가 해야 할 일과를 아이와 함께 정한다.

무엇보다 중요한 것은 양과 수준을 조절해서 아이가 잘하게 하는 것보다 다 하게 함으로써 엄마의 '칭찬'이라는 꿀을 맛보게 해야 한다. 작은 성공을 매일 맛보게 하는 것이 엄마의 지혜이다.

둘째, 자신의 행동에 대한 결과를 책임지게 한다.

경험 없이 생기는 자신감은 없다.
자신감이 생기려면 실패를 하고, 좌절을 하고,
부분 성공을 하다가 성공하는 것이 가장 좋다.

규칙을 지켰을 때와 지키지 않았을 때의 결과를 아이와 미리 정한다. 그리고 아이가 그것을 겪게 한다.

셋째, 선택과 결정권은 아이에게 준다.

어떤 선택을 할 때, 엄마의 유도보다는 칭찬을 활용해보자. 사실 시행착오가 가장 훌륭한 선생님이다. 결과를 겪는 것이 가장 큰 학습이다. 아이들이 잘 못 배우는 이유는 열심히 과제물을 챙긴다든지, 공부를 한다든지, 안하면 엄마가 해주니까 아이들은 사실 별로 배우는 것이 없다. 실패는 가장 큰 학습의 길이다. 내 아이의 실패가 나의 실패라는 생각을 바꿔야 한다.

넷째, 잔소리를 하지 않는다.

잔소리를 하게 되면 그 일을 하는 책임이 엄마한테 오게 된다. 잔소리가 반복되면 그 일을 해야 되는 조바심은 엄마가 더 많이 느끼게 된다. 아이에게 결과를 겪게 하든지, 지금 당장 행동으로 지시하는 것이 더 효과적이다.

아이가 약속이란 것을 했을 때 약속을 지키는 나이는 한참 지나서이다. 우리 자신부터 언제쯤 시간 개념과 신뢰의 개념이 싹텄는지를 더듬어보면 아이를 좀 더 이해하기 쉬울 것이다.

용기와 끈기가 자신감을 만든다

거북이의 승리는 거북이의 마음이 만든 것이다. 긍정적인 마음이 우선이고 그 다음이 실행이다. 마음은 자석과 같다. 마음은 끊임없이 무언가를 끌어들이고 있다. 그때마다 마음을 지배하고 있는 사고와 신념이 자석역할을 하고 있는 것이다. 행운을 획득하기 위해서는 자기 자신에 대한 굳은 믿음을 가져야 하고, 그것은 엄마의 "해봐!"라는 말에서부터 시작될 수 있다. 오감을 통해서 깨달을 수 없는 현실을 아이들에게 이해시키는 것만큼 어려운 것은 없다. 사람이 창조한 보이지 않는 세계는 모두가 마음의 눈에서 시작한다는 것을 세상을 어느 정도 살아낸 후에야 우리는 어렴풋이 느낀다.

세상에 태어나 해보고 싶은 일을 하기 위해 필수적인 것이 '용기'인데, 이것은 시작할 수 있는 힘을 준다. 그리고 그 시작을 성공으로 이어주는 완성하는 힘이 바로 '끈기'이다.

이 두 가지는 성공을 경험하게 하는 가장 중요한 요소로, 결국 아이에게 자신감을 심어주게 만든다. 시작은 잘 하지만 마무리가 안 되는 아이는 이성적인 컨트롤이 필요하고, 지구력과 성실성은 있으나 언제나 주저하고 머뭇거리는 아이에게는 부모가 먼저 행동으로 이끌어 주어야 한다. 때로는 그릇이 커서 엄마가 다 안을 수 없는 아이들이 있다. 이럴 때에는 자녀에게 맞는 멘토를 찾아주는 것이 부모의 역할이다. 힘을 의식하면 힘이 생기고, 권력을 의식하면 권력을 얻을 수 있다. 아이는 자신을 의식할 때 하면 된다는 자신감이 생긴다. 엄마가 할 일은 아이가 끊임없이 자신을 의식하게끔 뿌리내리게 하는 것뿐이다.

 엄마, 이렇게 생각해보세요

"부모는 좋은 교사가 될 수 없다."

같은 말을 해도 교사가 하는 것과 자기 부모가 하는 것은 아이가 받아들이는데 있어서는 많은 차이가 있다. 충고나 조언을 하는데 있어 아이의 감정을 고려해서 말하는 것이 좋은데, 대게 부모가 생각하는 것의 반대인 경우가 많다. 교사나 다른 이들과 역할분담이 필요한 경우에는 적극적으로 요구한다.

07 세상은 아름답다고 가르쳐라

한 아이를 키우려면 온 마을의 노력이 필요하다.
– 아메리칸 인디언 오마스족의 속담

행복은 노력하면 배울 수 있다

'행복'은 노력하면 얻을 수 있는 것일까?

우리의 뇌는 안쪽으로, 뒤로 갈수록 타고난 것을 담당한다. 뇌의 안쪽과 뒷부분은 주로 선천적으로 형성된 부정적인 감정을 저장하고 처리하는 일을 한다. '아프다', '불편하다', '무섭다', '불안하다' 등 부정적인 정서들은 선천적으로 형성된 감정들이다. 반대로 뇌의 바깥쪽으로 앞쪽으로 갈수록 후천적인 것을 담아놓는다. '예쁘다' '기쁘다' '아름답다' '신난다' 등의 긍정적인 정서를 저장하고 처리한다. 이런 감정들은 후천적으로 발달된 것이기 때문에 발달시켜 저장해놓은 것들이다.

우리가 살아가면서 감정과 정서는 굉장히 중요한 부분이다. 부정적인 정서는 타고나기 때문에 바꾼다는 것이 쉽지 않지만, 우리가 늘 이야기하는 행복과 긍정을 만들어내는 좋은 정서들은 후천적으로 노력해서 얻을 수 있다는 것이다. 그래서 행복은 노력하면 얻을 수 있다가 맞는 말이다.

부정적인 고흐와 긍정적인 피카소

우리가 알고 있는 피카소와 고흐는 미술적 재능을 타고난 세계적인 화가이다. 재능과 노력이 있어도 부와 명예는 같이 형성되지 않는다는 사실을 이 두 화가를 통해서도 알 수 있다.

피카소는 늘 주변 지인들에게 '나는 그림으로 억만장자가 되고 명예를 얻을 거야.'라고 말했다. 세상을 긍정적으로 바라보았던 인물이다. 반대로 고흐는 지인들에게 지속적으로 편지기록이나 말로 부정적인 메시지를 전한다.

'내 그림은 당대에 이해가 어렵다.'
'죽어야 이 그림을 팔 수 있을지 모르겠다.'

결국 그는 피카소와 달리 불행한 삶을 살았고, 사후에 그림 가치를 인정받게 되었다.

1%의 영감이 없으면 99%의 노력이 헛될 수도 있다. 그 1%는 생각의 중요성이다. 건물을 세우기 위해서는 설계도가 필요하듯이 사물이 형태로 나타나기 위해서는 '사고'라는 계획이 필요하다.

히말라야 정상에 오르는 산악인들이 고산증으로 괴로울 때 진통제 역할을 하는 것이 있다. 다름 아닌 '좋은 생각'을 하는 것이다. 힘들다, 괴롭다, 두렵다, 짜증난다, 생각하면 머리가 더 아파지지만 괜찮다, 할 만하다, 잘할 수 있어 등 좋은 생각을 하면 한결 더 나아진다는 것이다. 나쁜 생각이 좋은 생각보다 더 많은 산소 에너지를 소모하기 때문에 몸은 더 빨리 지치고 병들게 만든다. 물론 노화도 더 빨리된다. 웃으면 젊어진다는 애기가 틀리지 않다. 긍정은 반복하면 할수록 더욱더 행복해지고, 다른 사람도 행복하게 해줄 수 있는 힘을 가지고 있다. 매일 매일 이 긍정을 연습하면 스스로 긍정적인 사람이 반드시 될 수 있다. 지나간 일에 대해 감사하고, 현재의 삶을 즐기고, 미래에 대한 비관적인 생각을 떨쳐버리고, 자신감 있었을 때의 나를 떠올려보는 것이다.

한 사람을 양육하는 엄마가 이런 연습을 왜 해야 하는지 정확히 알고 있고 이것을 아이에게 훈련시킬 수 있다면 이 아이는 부모로부터 물려받을 수 있는 유산을 이미 다 받은 것이다.

'신뢰'는 부작용 없는 격려다

자라는 아이에게 세상에 대한 신뢰는 너무나 중요하다. 최선을 다하는 삶을 사느냐 그렇지 않느냐가 여기에 달려 있기 때문이다. 아이가 갖는 세상에 대한 신뢰의 시작도 엄마로부터 시작된다. 아이가 태어났을 때 엄마나 아이에게 가장 큰 사건은 '분리'이다. 아이를 낳아본 엄마라면 누구나 이 홀가분하면서도 낯선 느낌을 가지고 있을 것이다.

탯줄을 자르고 폐호흡을 시키고 젖을 물리는 과정에서 아이는 엄마를 내 생존권을 가진 존재로 인식한다. 아이는 자기의 생존을 오직 입을 통해서만 가능하다고 여긴다. 그래서 이때 엄마의 수유 방식은 아이에게 세상에 대한 첫 신뢰 그 자체다. 이때 엄마의 수유 방식이 일관적이지 않으면 별것 아닌 것 같지만 아이에게는 거짓말이기도 하고 변덕이기도 하다.

시간을 정해놓고 젖을 물린다든지, 배가 고파 올 때만 주는 한 방향을 택해야 한다. 이 둘을 함께 하면 안 좋은 이유는 아이가 믿을 수 없기 때문이다. 문제는 엄마만 못 믿으면 상관 없다. 생후 6개월 이내 아이가 엄마에게 갖는 신뢰는 세상에 대한 신뢰가 된다.

어렸을 때는 아이 스스로 신뢰할 수 있는 환경을 못 만들기 때문에 양육자가 만들어 줘야 한다. 그래서 성인이 됐을 때 자기 스스로 신뢰할 수 있는 환경을 만들게끔 하는 것까지가 부모의 역할이다.

자라는 아이에게 세상에 대한 신뢰는 너무나 중요하다.
최선을 다하는 삶을 사느냐 그렇지 않느냐가
여기에 달려 있기 때문이다.

큰 부담, 지나친 통제는 아이들의 무기력을 부른다

대가족 해체로 요즘은 그 어느 때보다 엄마가 느끼는 육아의 부담이 크다. 옛날 아이들은 산으로 들로 부모들이 방목시켰다면, 요즘 아이들이 가장 많이 듣고 자란 말은 금지 명령어다.

"안 돼!"
"뛰지 마!"
"아래층 아저씨 올라온다."

아파트라는 공간이 아이들을 감시 감독하기에 좋은 구조이기도 하다. 이동력이 강한 2~3세 아이들은 이때 주로 자율성을 배우는 시기인데 지금의 환경구조에서 아이들의 모든 놀이는 계획되고, 통제되고, 관리된다. 심지어 줄넘기를 레슨 받는 아이도 보았다.

옛날 부모의 간섭이 최소화된 시기에는 다치고 조금 위험하기는 해도 자율성은 성장했었다. 그러나 부모 불안이나 여러 가지 제한적인 환경으로 자율성 성장이 어려운 요즘 아이들의 가장 큰 문제는 무기력하고 열정적이지 않다는 것이다.

이 시기 아이들에게 자율성의 근간이 살아있지 않으면 청소년기 부모는 아이들에게서 "몰라요."라는 말을 가장 많이 듣게 될 것이다. 예전

상담실을 찾는 아이들 대부분이 폭력, 무기력, 일탈이었다면, 요즘 아이들 절반 이상이 무기력이다. 자신이 좋아하는 과목이 무엇인지, 잘하는 것은 무엇이고, 어떨 때 기분이 좋고, 불쾌한가의 모든 질문에 대한 답이 "몰라요"다. 어릴 적 무엇이든 혀로 세상을 탐색하고, 기어코 내가 하겠다고 떼를 쓰던 아이의 열정의 싹들이 어느 순간부터 말라가기 시작했던 것이다.

엄마는 아이에게 세상을 보여주는 창이다

엄마는 세상을 열어주는 문이다. 엄마가 주는 신뢰, 인정, 자율성으로 아이는 세상에 희망을 갖고 엿보기 시작한다. 부모가 가져야 한다고 생각한 그것이 아이를 고통스럽게 만들 수도 있다.

물에게 "감사합니다." "사랑합니다."라고 긍정적인 말을 했을 때, 물의 분자구조 결정사진을 보면 마치 보석처럼 아름답게 빛난다. 좋은 소리를 들려줄 때 물은 생명력이 살아있는 육각수가 된다. 반면 "밉다." "죽일 거야." "너는 안 돼."라는 부정적인 말을 들려줬을 때는 물의 분자구조가 파괴되고 보기에도 흉측한 모습을 띤다.

사람 몸의 80%는 물로 구성되어 있다. 아이는 날마다 누군가로부터 어떤 메시지를 받고 있을까? 물의 분자 결정 구조가 보여주듯이 긍정적인 메시지는 아이를 더 아름답고 건강하게 만들어줄 것이고, 부정적인 메시지는 병들고 자신감 없게 만들 것이다.

어릴 때 아이들은 이런 긍정적인 감정들을 스스로 만들어내지 못한다. 의도적인 환경과 누군가의 도움이 필요하다.

뇌가 안쪽에서 바깥쪽으로 자라나는 아이들에게 부모의 노력과 정성은 아이의 정서를 만들 수 있는 유일한 문이다.

아이는 언젠가 성장하기 위해 부모를 떠나야하고, 내가 어디를 갔다 와도 그 자리에서 나를 믿고 묵묵히 지켜보고 있을 부모의 흔들리지 않는 정체성을 느낄 때, 아이는 세상에 일희일비하지 않고 보다 적극적으로 살아낼 것이다.

자녀를 후회 없이 키워보겠다는 생각이 얼마나 강한 유혹인지 우리는 매일 느낀다. 사람들은 정말 좋은 것, 진짜 괜찮은 것을 제쳐두고, 후회를 덜할만한 것으로 대쳐 하는 경우가 허다하다. 그래서 후회하지 않으면 만족해질 수 있다는 착각을 한다. 후회하는 것 만족하는 것은 별개의 문제다. 부모의 교육은 아이가 나 없이도 살아갈 어른으로 성장시키는 데서 출발해야 한다.

엄마, 이렇게 생각해보세요

"행복도 습관이다."

어릴 때부터 행복감을 느껴본 아이는 커서도 행복하게 산다. 행복습관은 자녀에게 물려줄 큰 재산이다. 자신의 행복을 위해 최선을 다하지 않는 사람은 아이에게 행복을 줄 수 없다. 행복을 미래의 일로 자꾸 미루지 말아야 한다.

답 없는 육아?
우리 아이가 정답이다

육아의 주인은 내 아이다

육아의 주인은 바로 내 아이다. 내 아이가 주인이 아닌 하인이 될 때 육아는 이리저리 방황하게 된다. 대부분 엄마들이 힘든 육아를 하는 것은 내 아이를 주인으로 여기지 않기 때문이다. 아이가 주인이라는 것을 깨닫게 되면 아이 역할에 맞는 생각을 하게 된다. 그 생각은 무모한 상상이 아닌 건설적인 상상으로 이어진다. 무모한 상상은 아이의 미래를 폐허로 만들지만 건설적인 상상은 아이의 미래를 휘황찬란한 도시로 만든다. "상상력이 지식보다 중요하다."라는 아인슈타인의 말에서도 찾을 수 있듯이 지식보다 상상력은 더 힘이 세다. 세상에 그 어떤 것도 상상력 없이 저절로 생겨나지 않았다. 그랬더라면 우리가 비행기를 탈 일도, 불이 훤히 밝힌 밤거리를 걸을 일도 없었을 것이다. 이처럼 상상력은 무엇이든 가능케 하는 원동력이다. 엄마가 내 아이의 무엇을 꿈꾸고, 갈망하든지 이미 그것이 현실이 된 것처럼 상상한다면 그것은 존재하게 된다.

나는 아이에게 무엇이 되기 위해 고통스럽게 노력하지 말라고 조언한다. 고통스런 노력은 만족스런 결과를 낳지 못한다. 고통스러운 노력은 이루어진 것처럼 생각하고 행동하는 것을 방해하기 때문이다.

엄마의 역할은 아이를 믿고 지켜보는 것이다

그동안 아이가 원하는 것보다 원하지 않는 것들에, 가고 싶은 곳보다 가고 싶지 않은 곳에, 하고 싶은 공부보다 해야 할 숙제에 집중했다면 그 결과가 바로 지금의 현실이다. 아이의 내면에는 바라는 모든 것들이 존재하고 있다. 아무리 위대한 꿈을 가지고 있다고 하더라도 의심을 가지게 되면 실현되지 않는다. 확신과 의심은 절대 마음속에서 공존할 수 없기 때문이다. 엄마의 마음에는 늘 아이에 대한 의심과 두려움이 존재한다. 아이의 개성과 강점에 집중하기보다 '다른 아이에게 뒤처지지나 않을까?', '좋은 대학에 갈 수 있을까?' 하는 불안을 안고 산다. 아이도 엄마의 불안과 두려움을 그대로 떠안아 답이 없는 길을 헤맨다. 그래서 결국 꿈이 있는 게 꿈인 성인으로 자란다.

육아의 답은 내 아이를 믿어주고 결과에서 바라볼 뿐이다. 그 차체에서 엄마도 행복을 줍는 여백을 가져야 한다. 그래야 아이도 행복을 줍는다. 나름 세상의 속도에 맞춰 치열하게 살고 있다고 생각하는 나도 "엄마는 너무 꽉 막혔어!"라는 소리를 들을 때면, 어떤 면에서 아이들은 우리들보다 세상을 훨씬 더 빨리 배우고 있다는 생각을 하게 된다. 그래서 믿는 것이 남는 장사일수도 있다.

엄마와 아이의 성장을 위하여!

책을 쓰는 동안 그동안 상담해왔던 수많은 엄마들 이야기와 아이들의 얼굴들을 떠올리며, 그때 더 보듬어주지 못한 것들에 대해 아쉬움이 남았다. 공교육에서 인정받는 울타리 안 교사이외에도 세상에는 셀 수 없는 울타리 밖 선생님들이 존재한다. 아이들에게 지식을 전달해줄 수 있는 선생님과 시스템은 넘쳐날 정도로 많지만, 정작 우리 아이들에게는 유대인들이 부르는 '랍비'처럼 '나의 선생님', '나의 주인님'이 되는 존재가 필요하다. 아이는 언젠가는 세상 속으로 길을 떠나게 되고, 엄마는 양육자라는 역할 이후에 내 아이의 동반자, 파트너가 될 수 있는 랍비로서의 역할을 해야 한다. 현장에서 지켜보는 아이들은 다양한 모습을 보인다. 학교 선생님이 보는 모습이 다르고, 학원 선생님이 보는 모습이 다르고, 집을 방문하는 교사가 보는 모습이 각각 다르다. 한 아이에게 선생님은 많지만 정작 나의 주인이 되는 선생님은 그리 많지 않다. 아이의 영혼은 방치된 채 웃자라기만 할 수밖에 없다.

내 아이를 가르치던 아줌마가 세상에 나와 사람을 가르치고 키우는 일을 하고 있다. 그 과정에서 엄마로서 나의 결핍을 채워가며 언젠가 떠나보낼 내 아이와 나를 위하여, 더 많이 경험하고 도전하며 격하게 꿈꾼다. 누구보다 열심히 공부해온 아이가 꿈이 없다는 사실에 우리는 충격을 받아야 한다. 대부분 사람들이 꿈을 이루지 않으면 실패한다고 생각하지만 꿈을 가진 순간 절반은 성공한 것이라고 생각한다. 꿈을 이루려면 앞으로 나아갈 수밖에 없기 때문이다. 이미 성공과정에 있는 것이다. 영화 소설에만 반전이 있는 것은 아니다. 내 아이 인생에도 역전과 반전이 있다. 내 아이 인생 반전의 시작점은 어디인지 생각해보자.

마지막으로 이 책을 쓰기까지 최고의 조언과 멘토링을 해주셨던 한국 책쓰기 성공학 코칭협회의 김태광 대표님과, 마지막까지 한결같은 응원과 격려를 아끼지 않으셨던 지난희 단장님, 그리고 항상 믿고 바라봐주시는 부모님, 지금 이 순간도 내 자녀 성장과 자신의 성장을 위해 일선에서 최선을 다하시는 교원 빨간펜 선생님들에게 감사의 인사를 드리고 싶다.

2018년 6월 박미